よくわ
マンガと図解で
につく

天気・気象

O TEMPO

監修
（一社）日本気象予報士会

著者
（一社）日本気象予報士会有志グループ
大西晴夫　他26名

とある大学

風吹き、雲湧き、雨が降る天気にまみれる１年間…

まみれるって…

気象のあれこれを学べる１年間のカルチャー講座よ

例えば…

夏が暑すぎる！気温はこれからどうなるの？ とか

せんじょうこうすいたい
線状降水帯ってなに？ とか

台風のとき計画運休はどうやって決めるの？ とか…

なんで風が吹くの？ とか

気象学最前線の話も聞けるかも！

お おもしろそうかも…

でしょでしょ！

あ 天気といえば…

今度はなに？

この間天気予報で晴れるっていってたから

お気に入りのワンピースで出かけたら…

思い出したらめっちゃムカついてきた…

いつもムカついてんな…

そういうことがあると

なんで晴れるって
予報したのか

なんで急に
雨が降ったのか

知りたいと
思わない？

どーせ低気圧と
高気圧を間違えた
とかでしょ！

なによ
それ？

ブーブー

じゃあ聞くけど
低気圧ってなに？

説明
できるの？

そういえば
低気圧がくると
頭が痛くなるって
いってる人いたなー

低気圧め〜

ねえ つくしも
講座受けて
みない？

コンビニの
仕入れの
謎も分かる
かもよ！

ハッ

あーー

コンビニといえば来月からシフトが減るから新しいバイト探さないといけないんだった！！

忘れてた──！！

すいません！！講座なんか受けてる時間ないです

講座なんか……

だったら講座のスタッフのバイトしてみない？今ちょうど募集してるのよ

仕事は事務とか会場内の軽作業よ

バイト代は入るし講座にも参加できるし一石二鳥じゃない？

おー確かに！！

CONTENTS

Part 1 私たちは気象・天気と どう付き合ってきたか

Part 2 地球を駆け巡る風と水

Part 3 気象災害と地球温暖化

Part 4 生活に密接に関係した気象の世界

なるほど――

Part 5 気象にまつわる ショートストーリー

Part 6 天気予報が楽しくなる 天気図の見方

四季折々の変化に富んだ日本に住んで

　外で人と出会うときの会話は「きょうはいいお天気で」などと天気のことから始まり、日本人は世界一天気が好きな民族ともいわれています。このことは、日本には変化に富んだ四季があることと関係がありそうです。極地方や熱帯地方では、日々の気温の変化は小さく、明確な四季の区分や天気の変化はありません。これに比べて日本では、春夏秋冬の変化があり、それぞれに付随して特徴的な天気現象があります。

　日本に変化に富んだ四季があるのは、北極の寒気と低緯度の暖気がせめぎ合う中緯度地帯に位置していることが大きな要因です。冬には北極からの寒気が日本列島を覆い、夏には低緯度からの暖気が日本列島を覆います。春と秋には、寒気と暖気が一進一退を繰り返して日々の気温変動が大きくなります。また、日本が周囲を海に囲まれていることにより、湿り気を多く含んだ風が吹いてきて、雲をつくり、雨や雪を降らせます。同じ中緯度にあっても、ゴビ砂漠やオーストラリアの砂漠地帯のように、1年を通して雨がほとんど降らない地域では、天気の変化は小さなものです。

　天気をある程度の期間で平均したものを「天候」といい、もっと長い期間の平均を「気候」といって、「天気」とは区別します。このような日本固有の天気や気候が、日本人の気質に大きな影響を与えていることでしょう。砂漠地帯を起源とするユダヤ教やイスラム教などがどちらかというと排他的で厳しい教義を持つのに比べて、仏教の教えは妥協的・内向的です。日本人は自然の猛威を「神の思し召し」、「人間に対する警告」と受け止め、黙々と復興してきました。

　このように豊かな四季の下に暮らす私たちですが、天気と気象のことには、「知っているようで知らない」ことがたくさんあるのではないでしょうか。この本では、そのような天気や気象のことについて、できるだけ分かりやすく解説して参ります。最後までお付き合いください。

（一社）日本気象予報士会有志グループ　大西晴夫

マンガの登場人物紹介

春風つくし
はるかぜつくし

大学生。アルバイトを探していたところを小笠原夏美先輩に釣られ、まんまと初心者向け気象講座のスタッフ兼聴講生になる。ノリが良く、ちゃっかりした面も。

数屋さつき
かずやさつき

つくしと一緒に気象講座のスタッフをしている。気象に関するデータを覚えるのが趣味。

秋庭楓香
あきばふうか

つくしの友人。サークル仲間。サークルに来ないつくしを心配する。つくしと夏美先輩に感化されて、秘かに気象に興味を抱いている。特技はヴァイオリン。

小笠原夏美
おがさわらなつみ

つくしと楓香のサークルの先輩。気象会社でアルバイトをしながら気象予報士になるために勉強中。押しの強さでつくしを気象の世界とバイトスタッフに引きずり込む。ちょっぴり苦労性。

寒沢晴夫先生
かんざわはるお

気象講座の発起人。気象学界隈の偉い先生だが、つくしたちの疑問にも気さくに答えてくれる。秘蔵の天気図コレクションがある。

多彩な顔触れの講師陣

気象講座の先生たち。お天気キャスターや気象会社社員、気象学の専門家など、様々な分野のエキスパートであり、楽しく気象を学んでもらおうと張り切っている。

受講生たち

「推し」が有名お天気キャスターだったり、雲観察が趣味だったり、気象予報士を目指していたりと、受講理由も年齢も幅広い。

私たちは
気象・天気とどう
付き合ってきたか

寒沢先生…

受講生って年配の方も多いんですね

気象予報士志望の若い人ばかりと思ってました

気象は老若男女を問わず魅了するくらい奥が深いということです

春風さんもそのおもしろさをしっかり味わってください！

はいっ！

21

19世紀に電信の
進歩によって
いろいろな地域から
速くたくさんの
気象情報を集められる
ようになり
天気予報が
発展していきます！

そして20世紀に
なり…

コンピュータが
発明されると

集めた
大量の情報と
物理学の
複雑な計算を
基に

数値予報が
発達
しました!!

でも
気象観測の
装置って
意外と
シンプル
ですよね

そう？

なんかもっと
すごい
マシーンを

期待してたん
ですけど…

ない
ない

あ　でも

温度センサーに
プラチナが
使われている
ということには
驚きました

いいこと
きいたぜ

ヒヒヒ

よからぬ
ことを
考えて
るわ…

観測装置って外見はシンプルでも中身は現代の技術のかたまりよ

へー

それを全国的に設置して刻々と変わる気象状況を観測しているのが

正解…

アメダス!!

いちいち荷物を投げないで

アメダスって気象衛星と勘違いしてる人も多いのよね

まさにそう思ってました

25

Part 1

人は天気・気象に影響されて暮らしを営む

気象はそこにあるすべてのものへ影響を及ぼします。
ここでは、気象による人間社会への影響の例をいくつか知り、
気象を学ぶ魅力の一端を感じてみましょう。

☁ 天気は人をつくる

　チンパンジーやゴリラといった類人猿と人間を区分けする尺度は、直立二足歩行だといわれています。人間の道具の使用、脳の発達、複雑な言語でのコミュニケーションは、すべて直立二足歩行に由来するというものです。しかしここではあえてひねった考え方として、天気を予想し始めたことが、動物と人間を区分けする転機だったとするのはいかがでしょうか。

　気象という自然現象が変わると、たちまちにして生物の生活に変化が生じます。人間以外のほとんどの種も、彼らなりに天気の動向や気象の変化に対応する方法を獲得していますが、それは長い遺伝的な進化によるものです。動物は気温や日照時間が変化すると、ホルモンが分泌されて行動パターンを変えていきます。人間にも、ホルモンがもたらす季節リズムがあるといわれていますが、頭で思考して天気の状況を把握し、気象変化を予想して対処します。対処の仕方はホルモンの遺伝ではなく、言葉によって子孫に伝えられていきました。

気象の変化を予測する生活へ

　私たちの直接的な先祖であるホモ・サピエンスは、およそ6万年前に赤道付近のアフリカを出てユーラシア大陸やヨーロッパ大陸にわたると、四季という季節変化に出会いました。折しも最終氷期といって地球が寒冷化していき、大地に万年雪や万年氷が広がる時期でした。厳しい環境にあって、人間は植物の成長、渡り鳥の飛ぶ方向、陸上動物の季節移動といったシグナルを捉え、季節の移り変わりを察知する能力を磨いていったと考えられています。

　彼らは狩猟採集生活を営む中で季節感を獲得し、季節に合わせて住居を変えていく生活スタイルを確立しています。例えば、ガゼルは乾燥した土地でも生

きていくことのできる草食動物ですが、生まれた子の授乳のためには水を多く飲まねばならず、繁殖時期には湖へと季節移動していました。中東に住んでいた人間はこのガゼルの生態を学び、1万年前頃に季節変化を踏まえて大規模な囲いを作ってガゼルを捕獲し始めました。あまりにたくさんのガゼルを捕獲したため、この地ではガゼルが絶滅してしまったといいます。

　デンマークのユトレヒト半島にある8,000年前頃のエルテベレ遺跡では、季節ごとに住まいを変えつつ、様々な食料を獲得していたことが分かっています。春には魚や植物がとれないためカキ（貝）をとっていました。夏になるとタラやサバといった海産物や果物、秋にはアザラシやナッツなどの堅果類、冬にはイルカやアザラシを捕獲していたことが分かります。

　日々の天気や季節変化といった気象全般は、暮らしに直結するとても重要な自然現象で、そのサイクルを知り、予想することは、生きていく上で必要不可欠なことでした。こうした自然からの学びによって人間は今の姿へと発達していったのではないでしょうか。「天気が、今日（こんにち）の人をつくった」といえるのかもしれません。

参考文献
丸山迪代, 吉村 崇 (2019) . 動物の季節適応機構の解明とその応用：ヒトの季節リズムの解明に向けて . 第69回日本電気泳動学会総会シンポジウム／Burroughs, William J. (2005)：Climate Change in Prehistory. Cambridge University Press／Legge and Rowley-Conwy (1987): Gazelle Killing in Stone Age Syria. Scientific American 255 (8)
ロバーツ, アリス（2012）人類の進化 大図鑑 . 河出書房新社

☁ 気象は文化をつくる

　次に音楽に必要な楽器と気象との関係について考えていきましょう。ヴァイオリンの名器としてストラディバリウスは、アマティ、グァルネリウスとともに有名です。現存する数はヴァイオリン約520挺、ヴィオラ約10挺、チェロ約50挺などで合計約600挺ですが、一流音楽家の間で垂涎の的となっています。日本音楽財団では2011年の東日本大震災の被災者支援のため、保有していた1挺のヴァイオリンをオークションに出品したところ、12億7,000万円（当時レート）で落札されたとされます（支援の意味もあるかもしれません）。

　製作者のアントニオ・ストラディバリ（Antonio Stradivari/1644？－1737）は、イタリア北部のクレモナに生まれ、90歳を超えるまで、70年以上にわたってこの地でヴァイオリンをつくり続けました。アマティ一族やジョゼッペ・グァルネリもクレモナを拠点としており、クレモナがヴァイオリン製造の聖地といわれています。

　なぜ、ストラディバリの製作したヴァイオリンなどの弦楽器が名器とされるのでしょうか。また、ストラディバリウスを超える楽器がなぜその後に製作されないのでしょうか。現在のクレモナの職人は17世紀に生きた名人と技術的に遜色はないため、いくつかの説が提唱されてきました。

　クレモナで製作されるヴァイオリンの原木は、町の北部に位置するイタリアアルプスの標高800〜1,200mの北側斜面の通称「ヴァイオリンの森」に生えているマツ科針葉樹のトウヒを使っていました。まず、当時のものはこの乾燥度が高かったのではないかという説があります。けれども楽器に残っている年輪を調べて製作年と比較すると、伐採後の乾燥期間が7年のものもあれば30年を超えるものもあり、長期間安定保存された訳ではありませんでした。また、絶滅した昆虫の琥珀による秘伝のニスを塗っていたのではないかという説もありましたが、電子顕微鏡で調べても、特殊なニスは検出されませんでした。

名器は当時の気象から生まれた?!

　2003年、コロラド大学の気候学者ロイド・バークル（Lloyd Burckle）とテネシー大学の年輪研究者ヘンリー・グリシノ＝メイヤー（Henri Grissino Mayer）は、ストラディバリウスが製作された時代のトウヒの材質が現在とは違っていたためだ、という説を提唱しました。

　太陽活動の強弱や巨大な火山噴火などによって、地球全体の気温は変化します。15世紀から19世紀半ばまでは現在と気温が平均で1℃ほど低く、小氷期と呼ばれています。江戸時代に東北地方を中心とした冷害によって天明の飢饉（1782-1787）や天保の飢饉（1833-1837）などが起きたのも、根本原因はこの気温の低下にありました。

　小氷期の中でも、ストラディバリが生きていた17世紀後半は、太陽活動が最も低迷した時代とされます。現在よりも1〜2℃低い気温が60年以上にわたって続いたのです。この寒冷な気候によってトウヒの成長が遅くなり、結果として年輪幅が狭く硬い材質のものになったというのです。確かにヨーロッパ・アルプスの山岳地帯にある樹木の年輪を調べると、1620年頃から1715年頃にかけて年輪幅が狭い期間が続いていました。そして1700年以降になると、トウヒの年輪幅は広く材質が軟らかいものになってしまいました。ですので、現在のヴァイオリン製作者がいかに高い技術を持っているとしても、ストラディバリウスの音色には絶対にかなわないとされるのです。

　バークルとメイヤーの唱えた説で決着がついている訳ではありません。けれども、ストラディバリウスだけでなく、グァルネリウスも同時期に製作されていることから、有力な説明と考えられます。

参考文献
Burckle and Grissino-Mayer (2003): Stradivari, violins, tree rings, and the Maunder Minimum: a hypothesis.
Dendrochronologia 21 (1) 41-45
https://www.sciencedirect.com/science/article/abs/pii/S1125786504700314

気象は歴史をつくる

　江戸（東京）では、大雪が降った日に大事件が起きると語られることがあります。元禄15年12月14日（1703年1月30日）の赤穂浪士による吉良邸討ち入り、そして安政7年3月3日（1860年3月24日）の桜田門外の変は有名です。2つの事件での東京の中心部に降った大雪を振り返ってみましょう。

　江戸での毎日の天気については、寛文元（1661）年以来のものが『津軽藩庁日記：江戸屋敷編』で見ることができます。言葉による記述ながら時系列で揃っており、気象データとして扱うことができます。それぞれの事件での天気の状況を確認したいと思います。

　元禄15年の赤穂浪士の討ち入りでは、前日までに降った雪が積もり、十四夜の月明りが雪面で反射しました。このことで、寅の刻（午前4時頃）に出発した大石内蔵助らの一陣は本所松坂町の吉良上野介邸まで容易に向かうことができたとされます。『津軽藩庁日記』を見ると、前々日の12日に「今朝少雪」とあり、前日の13日に「終日雪降」とあります。事件のあった14日は「天気好」

ですので、討ち入りが行われた朝には雪が止んでいたことが分かります。やはり決行日前日に一日中降った雪が、赤穂浪士に幸運をもたらしたようです。

　次に安政七年の桜田門外の変は、上巳の節句という大名が江戸城に総登城する朝に行われました。現在の暦で見ると３月24日であり、未明から季節外れの雪が降ったことになります。五ツ半（９時頃）に彦根藩の赤門から井伊直弼の駕籠を中心とする行列が門を出ましたが、大雪のため護衛の者は雨合羽を着用し、鞘の中に湿気が入らぬように刀に柄袋を付けていました。このため水戸浪士と薩摩藩士の襲撃を受けた際に行動が妨げられ、刀を抜こうにも柄袋のため容易に抜けなかったのです。季節外れの大雪のための対策が、直弼と彦根藩にとって不運となりました。『津軽藩庁日記』を見ると、「雪　午之刻過止　夕刻晴」、つまり雪は昼過ぎまで降って夕方には晴れたとあります。

江戸では希少な大雪が事件のカギに

　２つの事件は江戸での大雪がポイントになりましたが、当時の江戸も現在と同じく降雪は多くはありませんでした。関東地方に降る雪は、シベリアからの冬将軍がもたらす寒気による本州や北海道の日本海側での降雪とは異なり、東シナ海から本州の太平洋側を移動する南岸低気圧によるものです。南岸低気圧は太平洋の洋上から到来してくるため、もともと暖かい空気で構成されていますから、関東地方平野部に雪をもたらすなら、北方向から冷たい空気が流れ込むことがポイントになります。このように条件が絞られるため、雪が降る回数としてはさほど多くなりません。

　『津軽藩庁日記』を見ると赤穂事件のあったシーズンで雪という文字があるのは、12月から４月の５カ月間で７日しかありません。同様に桜田門外の変のシーズンでは６日でした。ごく稀な雪が歴史を動かしたことになります。

　興味深いのは、水戸浪士の中で明治時代まで生き残った海後磋磯之介（1828-1903）が『春雪偉談』で当日の状況を回想しています。「折シモ凍雲天ヲ鎖シ飛雪霏々トシテ降出セリ、関鉄之介仰テ喜色ヲ帯ヒ、アア此吉兆ヲ下ス、是レ天我（ニ）忠義ヲ祐クルナリト独言ス。是時已ニ戸外ヘ出タル者ハ皆、口々ニ吉兆ヲ称セリ」。水戸浪士のリーダーであった関鉄之助が雪が降り始めたことを「吉兆」と呟いた、という描写です。これは赤穂事件の故事での気象状況を重ねてみて、彼自身の襲撃の成功を予感したものだとされています。

参考文献
福眞吉美（2018）：弘前藩庁日記ひろひよみ〈御国・江戸〉-気象・災害等の記述を中心に. 北方新社
海後宗臣（磋磯之介）（1916）：春雪偉談.（日本史籍協会編『水戸藩関係文書（一）』所収）日本史籍協会

☁ 気象は世界交流の輪をつくる

　政治の世界において各国の地表の上にある空は「領空」として分割されていますが、大気の流れには境界はありません。気象を考える場合、研究者であろうと一般の方であろうと、誰もが世界につながっています。気象の状況を把握するには、観測が必要で、地球規模で、世界をつなげて考えなければなりません。気象観測の歴史とは、世界交流の歴史でもありました。さかのぼると、20世紀前半までの観測時刻は、現在と異なり各国バラバラに行われていました。

　日露戦争の日本海海戦において、中央気象台の岡田武松予報課長は「天気晴朗ナレド波高シ」という有名な予報文を発して勝利に貢献しました。この時代の観測時刻は日本時間で6時、14時、22時という8時間ごとに1日3回でした。岡田予報課長は6時や22時の天気図を見つめながら戦場となる海域の天気を予報したといわれています。一方、アメリカでは協定世界時（UTC：Coordinated Universal Time）プラス13時間といった天気図が1915年8月16日のものとして残っています。各国の都合により時刻が設定されていたようです。

　また、データが国内でも共有されない不幸な時代もありました。第二次世界大戦中は連合軍でも枢軸国の軍隊でも、気象情報が敵国にわたらないようにと機密扱いとなりました。その結果、台風進路などの気象災害を知り得なくなった市民は大きな犠牲を受けました。

気象学の発展に必要不可欠な国際協力

　戦後、世界中の科学者が集まり、地球科学についての調査研究を行って情報を共有化するという気運が高まりました。主導したのはアメリカの物理学者ロイド・ベークナー（Lloyd Berkner/1905-1967）やS・フレッド・シンガー（S.Fred Singer/1924-2020）といった人たちで、現在でも行われている大気上空の気象情報を得るためのラジオゾンデ（→p.68）や気象観測ロケットが普及していることを踏まえた提唱でした。当時は東西冷戦の最中でしたが、国際地球観測年（IGY：International Geophysical Year）と名付けられ、1957年の7月1日から翌年の12月31日にかけて実施されました。

　国際地球観測年に際して、世界気象機関（WMO）は世界全体による同時刻での気象観測を要請したのです。国を越えた広い範囲で同時刻の高層気象の観測データが極めて重要だと力説しました。その結果、1956年12月31日付けで

１日に２回、協定世界時（UTC）で０時と12時に観測を行うことが決まりました。この時刻での気象観測は現在でも継続しており、気象庁で作成される天気図は日本時間で９時と21時が主要なものとなっています。

　気象予報の向上や気象研究の発展には、国際協力がなくてはなりません。その重要性はベルリンの壁が築かれた1950年代から東西の科学者が共通で認識したもので、世界気象機関の主導によって堅固なネットワークが築かれてきました。今日では、人為的に排出される温室効果ガスがもたらす気候変動を監視するため、いっそう連携が強化されています。気象を通じた世界の交流は、世界平和の象徴といえるものです。

(田家康　p.28〜35)

参考文献
国立情報科学研究所「デジタル台風」
アメリカ海洋大気庁HP
和建清夫（1957）：国際地球観測年と気象.日本数学教育学会誌

もっと知りたい！

世界同時気象観測の観測器の品質と日本の役割

世界各地で観測を行うといっても、データの品質管理を忘れてはなりません。世界気象機関では、世界を6つの地域に分け、品質管理のための「地区測器センター」を置いています。第２地区（アジア）では日本の筑波（気象庁気象測器検定試験センター）と中国の北京（中国気象局）に設置されています。日本では、対象地域の国々で観測データの品質が保たれるよう、基準となる気象測器の管理や、気象測器の比較校正の支援および保守等の指導を行っています。さらに観測だけでなく、外国気象機関向けに予報資料を英文で配信しています（https://ds.data.jma.go.jp/tcc/tcc/）。気象予報関係でも、季節予報、エルニーニョ予報から地球温暖化に至るまで、多岐にわたり、世界の気象文化に大きく貢献しているのです。

観天望気から科学へ

天気や動植物などの自然現象の変化から、経験に基づき気象を予測する
「観天望気」が長い間続き、中世より科学を用いた観測が始まります。
気象学の大まかな歴史を見ていきましょう。

占いから観天望気へ

　人間の生活と気象は切っても切れない関係にあります。まだ、科学的な知見が十分ではなかった「人類」になりたての人間にとっても、気象を的確に把握することは生存に関わる問題であったことは間違いありません。

　古代文明社会が成立する以前、人々は日々の不安を解消してくれる「当たる占い」をする人を神格化して一族の長としてあがめることもありました。この人たちは、自然のできごとや、人間関係の機微について、深い洞察力があったためと思われます。このように天気を予測したり、その年の農作物のできを占ったり、「雨ごい」などの気象災害を鎮める祈りなども執り行われていました。

　エジプトの古代文明社会では、天体観測の知識に基づいて、正確な暦を作成したり、農作業の適切な時期を決定したりすることが、権力者の権力の裏付けとして用いられていたことでしょう。

ことわざとして今も伝わる観天望気

　正確に予測できる日食や月食と違い、いろいろな現象が複雑にからみ合った結果として変化する気象の予測は、現在でも非常に難しい問題です。そのため、人類は「天をよく観察して気象の変化を望む（予測する）」という「観天望気（かんてんぼうき）」によって気象変化に対処してきました。その経験則は「気象（天気）俚諺（りげん）（ことわざ）」として語り継がれています。「夕焼けは晴れ」など世界中で通用するものもあれば、春に山の雪が消えるときに山肌に現れる模様を「種まきじいさん」などと呼んで農作業の目安にするなど、それぞれの地域に特有の経験則もあります。今日・明日の短期間や、特定の地域に限定した予測については、気象俚諺の予測精度はばかにはできません。

☁ 気象観測の始まり

　14世紀以降になると、毎日の天気の記録が世界各地に残されています。膨大な火星の位置記録から「惑星は太陽を1つの焦点とする楕円軌道を運動する」という「ケプラーの法則」を導いたヨハネス・ケプラー（Johannes Kepler/ 1571-1630）も、大量の天気の記録を残しています。ただ、これらは、「晴れのち雨、一時雷」のような記録で、定量的なものではありません。

測器による気象観測

　17世紀になると、温度計、気圧計、湿度計といった、気象を定量的に観測する測器の開発が進みます。初期の気圧計はガラス管の中の水銀柱の高さを計るものでしたが、その後、中空の金属容器のへこみ具合で測定する「アネロイド式気圧計」［資料1］が開発されると、持ち運びの便利さから船舶でも使用されるようになりました。この頃には、嵐が近づくと気圧が下がることが知られており、気圧計（barometer）の目盛りには「晴れ続く、晴れ、天気変わる、雨、雨多し、嵐」などと書かれ、「晴雨計」として用いられていました。「バロメーター」が何かに関する信頼できる指標のことを指すのは、ここから派生したものです。

大航海時代に洋上観測が進む

　15世紀から17世紀にかけての「大航海時代」には、携帯に便利な気象測器の普及があり、全世界の洋上での観測データが増加しました。1686年には、ハレー彗星が周期彗星であることを発見したエドモンド・ハレー（Edmond Halley/1656-1742）が、赤道を挟む熱帯域の洋上には常に東寄りの風（貿易風）が吹いていることを見つけました。1735年には、ジョージ・ハドレー（George Hadley/1685-1768）が地球

[資料1] アネロイド式気圧計
（札幌管区気象台HPより）

全体の空気の流れを提案しましたが、「ハドレー循環」は現在でも低緯度の風糸の名称として使われています。なお、「貿易風（trade wind）」は帆船貿易に有用な風と誤解されていますが、「trade」の元もとの意味は「恒常的な」ということなので、「恒常風」と訳した方が元の意味に近いでしょう。

☁ 通信と気象情報の発展

(嵐は西からやってくる)

　18世紀に入ると、ヨーロッパでは離れた地点の天気の情報を郵便などで収集する人も出てきました。その結果、「嵐は西からやってくる」ということが知られるようになってきます。このことに最初に気付いたのは、金属棒などを取り付けた凧を揚げて雷が電気であることを示したことでも有名なベンジャミン・フランクリン（Benjamin Franklin/1706-1790）であったそうです。

　ドイツのハインリッヒ・ブランデス（Heinrich Brandes/1777-1834）は、収集した気象観測で1783年1年間の毎日の天気図を描きました［資料2］。この天気図では、嵐をもたらす実態がヨーロッパ全体を覆うような大きさの低気圧であり、それが毎日、移動していく様子が明瞭に示されています。

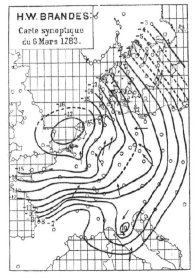

[資料2] ブランデスの天気図
(1783年3月6日)(Shaw, 1926)
実線：気圧　矢印：風向

38

　電気信号を用いて情報を伝える「電信」の実験は19世紀初頭から盛んに行われるようになり、1837年に最初の電信会社がイギリスで設立されました。サミュエル・モールス（Samuel Morse/1791-1872）がモールス符号（トン・ツー式）を考案し、独自の電信機を開発したことが電信事業の大きな発展を促しました。イギリスでは1849年にジェームズ・グレイシャー（James Glaisher/1809-1903）が国内30カ所の気象データを集めて日刊新聞のThe Daily Newsに掲載し、アメリカでも同じ年に、スミソニアン協会のジョセフ・ヘンリー教授（Joseph Henry/1797- 1878）が電信会社と交渉して、毎朝行われる各電信局の立ち上げのときに出す「準備完了信号」の代わりに、各地の天気を打電してもらうことになり、無料で気象情報を収集することに成功しました。今日でも、通信局の立ち上げやマイクロフォンのテストに「本日は晴天なり」が使われることと関係があるかも知れません。

　ここまでの通信は地上に敷設した電線を用いる「有線通信」でしたが、1897年にグリエルモ・マルコーニ（Guglielmo Marconi/1874-1937）が無線による長距離通信に成功したことで、海上や遠距離から気象データを即時収集できる可能性が広がりました。

天気図の誕生と気象警報

　電信で集められた「各地の天気」のような情報は、一般の人の目にもとまるようになりました。1851年にイギリスで開催されたロンドン万国博覧会では、国内24カ所の毎朝9時の観測を地図に記入した印刷物が1ペニーで販売されたとの記録があります。このように、毎日の天気分布が分かり、移動する低気圧に伴って嵐がやってくることが知られるようになると、翌日の予報を行おうとする試みがなされるのは当然の成り行きでした。特に強風が引き起こす高波を避けることは、船舶の安全航行のためには最大の課題ですから、各港での強風の警告を前日に行う試みがオランダやフランスで1860年頃から始められました。

　オスマン帝国・イギリス・フランス・サルデーニャの連合軍と、ロシアが闘った「クリミア戦争」では、1854年11月14日に、黒海で猛烈な暴風雨によりフランスの軍艦アンリ4世号など多数の軍艦が沈没する事件がありました。このことから、フランス政府は海王星の発見で有名なパリ天文台長のユルバン・ルベリエ（Urbain Le Verrier/1811-1877）に調査を命じました。ルベリエは観測データを収集し、その低気圧が数日をかけて大西洋から地中海を通り、黒海まで来たことを示しました。国王であったナポレオン3世の後押しもあって、ルベリエは国際的な気象観測データの即時交換システムの設立に尽力し、1863年から国の事業として等圧線が描かれた天気図が毎日発行され始めました。

　イギリスでは、1854年2月に英国気象局が設立され、ダーウィンが乗船したビーグル号の船長も務めたロバート・フィッツロイ（Robert Fitzroy/1805-1865）が初代長官となりました。1861年、彼は各港に暴風標識を掲示することを始め、同じ年の8月には天気予報を公表するようになりました。彼が死ぬと予報業務はやり過ぎと考えていた上層部の判断で予報業務は中止されましたが、利用者の強い要求があって1879年から天気予報が再開されました。

☁ 低気圧の正体が分かってきた

　低気圧が西からやって来ることが明らかになり、経験則による予報も可能になってきましたが、低気圧ができる理由はまだ不明でした。20世紀に入ると、低気圧が寒気と暖気の境目（前線）付近で発達することが分かってきました。1903年に、マックス・マルグレス（Max Margules/1856-1920）が、低気圧が発達するエネルギー源は、寒気と暖気が混合して寒気が下がり暖気が上がることによって、寒気・暖気全体の重心の位置が下がることで生じるという理論を発表しました。

　このことは、物理学では「位置エネルギーと運動エネルギーの和が保存される法則」といいます。高い所で静止している物体は、大きな「位置エネルギー」を持っていますが静止しているので「運動エネルギー」はゼロです。この物体

が落下を始めると、高度が下がるにつれて（位置エネルギーの減少）落下スピードが上がります（運動エネルギーの増加）。このとき、位置エネルギーと運動エネルギーの合計は一定の値なのです。低気圧に伴って強風が吹くのは、低気圧の周辺で寒気が下がり、暖気が上がることで重心が下がって位置エネルギーが減り、それが運動エネルギーに変換されて風が吹くからです。この考えで低気圧の発達についての理解が進みました。

低気圧の一生の概念

　1921年から1922年にかけて、「ノルウェー学派」のヤコブ・ビヤークネス（Jacob Bjerknes/1897-1975）を中心とする人たちが、低気圧の3次元構造と、低気圧が北の寒気と南の暖気の境目（前線）の上で発生し、その後、東に移動しながら発達、減衰、消滅するという低気圧の一生の概念を提案しました。この概念は現在でも基本的に踏襲されています［資料3、4］。

　なおここで出てきた低気圧は、熱帯低気圧と区別して「温帯低気圧」と呼びます。台風（熱帯低気圧）が発達する理由はこれとはまったく違います（→p.144）。

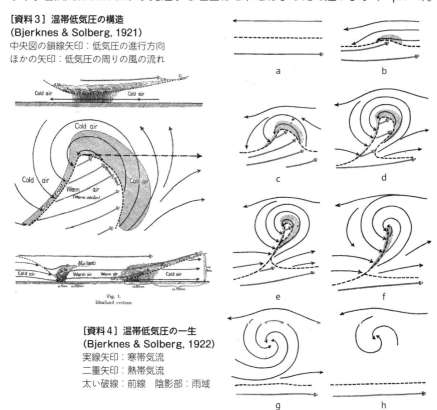

［資料3］温帯低気圧の構造
(Bjerknes & Solberg, 1921)
中央図の鎖線矢印：低気圧の進行方向
ほかの矢印：低気圧の周りの風の流れ

［資料4］温帯低気圧の一生
(Bjerknes & Solberg, 1922)
実線矢印：寒帯気流
二重矢印：熱帯気流
太い破線：前線　陰影部：雨域

☁ 気象レーダーの実用化

　クリミア戦争での暴風によるフランス軍艦の沈没事件が、温帯低気圧が西から東に発達しながら進んで来ることが解明されるきっかけとなったように、戦争が人間の自然認識や技術を高めた例は数多くあります。

レーダーの進化

　人工的に電磁波をつくることに初めて成功したのはハインリッヒ・ヘルツ（Heinrich Hertz/1857-1894）で、1887年のことでした。その後、電波の送受信試験を行っている中間点を自動車が横切って電波が乱れることがあり、逆の発想で、何かの物体に電波が当たると反射されて戻ってくることを利用して船舶や航空機の位置を測定する装置の開発が行われました。この装置は、1940年頃からレーダーとして実用化されましたが、実際の利用は軍事的なものがほとんどでした。発射される電波の波長は、最初は数mでしたが、技術の進歩で数cmとなり、より詳細に対象物の把握ができるようになりました。

　飛行中の航空機の探知に用いられるレーダーは周波数が1GHz（1秒間に10億回振動）で波長が10cm程度の電波を用いています。これよりも波長が短い電波の場合には、直径が1mm程度の雨粒を探知できることが分かり、第二次世界大戦後には平和目的である雨雲の監視用に気象レーダーの運用が開始されました。

日本での気象レーダー

　日本では1954年に最初の気象レーダーが大阪に設置されました。その後、全国展開され、1965年から1999年まで富士山の山頂のレーダーも活躍していました（→p.43）。現在では、気象庁は全国20カ所で気象レーダーを運用しており、すべてのレーダーが「ドップラーレーダー」となっていて、雨雲がレーダーサイトに対してどのような速度で動いているかを測っています。また、小さい雨粒は丸く、大きな雨粒は水平方向に広がることを利用して、水平・鉛直2方向の電波で雨粒の形状を計測し、正確な降水量を観測する「二重偏波レーダー」への更新も進められています。詳しくはp.70～73を参照してください。

私たちは気象・天気とどう付き合ってきたか

富士山レーダー

1959年の伊勢湾台風は、5,000人を超える犠牲者が出た大災害でした。これを受けて気象庁は、従来のレーダーの2倍の距離（800km）を見通すことが可能な、日本のはるか南の台風も監視できる気象レーダーを富士山頂に新設することを決めました。

世界でも前例のない高山での工事は1963年から着手され、東京オリンピックが開かれた1964年10月に完了しました。工期は夏期だけに限られ、強風、高山病とも闘う難工事で、運び上げた資材は500トン、作業人員はのべ9,000人に

上りました。富士山レーダーが正規運用を開始したのは1965年4月1日のことです。その後、日本の空を監視する役割を果たし続けましたが、気象衛星「ひまわり」の打ち上げや、危険を伴う山頂勤務の厳しさを考慮して1999年11月1日に運用を終了しました。役目を終えた富士山レーダーの本体とレーダードーム（レーダー本体を覆って風雨から守るもの）は、麓の富士吉田市の「富士山レーダードーム館」の屋上に移設されています。

この間の状況は気象庁職員から作家に転身した新田次郎氏の小説や、石原裕次郎主演の映画、NHKの『プロジェクトX』第1回でも取り上げられました。

[資料5] 在りし日の富士山観測所とレーダードーム（佐藤政博氏提供）

やっと現代っぽくなってきましたね！　ビバ 科学!!

ま、まぁね…。でも、まだ入り口よ。これからもっともっと技術が進んでいくからね！　置いていかれないように気を付けて、笑。

ジェット気流の発見

ジェット気流は日本人が発見

　日本の上空には「ジェット気流」と呼ばれる非常に強い西風が吹いている所があります。ジェット気流は世界を一周する形で吹いているのですが、日本の上空が最も強くなっています。太平洋戦争の末期には、米軍による日本本土の爆撃がありました。サイパン島を出発したB29爆撃機のパイロットは、日本に近づくと、しばしば秒速100mに及ぶ強い西風に遭遇し、目標地点へ向かうためには進行方向を調整する必要がありました。

　ジェット気流の観測記録で最も早いものは、現在も茨城県つくば市にある「高層気象台」の台長であった大石和三郎（1874-1950）が1924年12月2日に行った気球による観測です。高度約9km で約70m/sの強風が観測されました。この論文はエスペラント語で発表されたため、海外の気象学者には知られませんでしたが、ジェット気流の発見者は大石和三郎ということになります。なお、「ジェット気流」の用語が使われ出したのは、1947年のシカゴ大学の研究グループによる論文からとされています。

放球した気球の動きを、「経緯儀」という望遠鏡で追跡して、ジェット気流を発見。

高層気圧と地上の気圧の関係

　高層の気象観測が充実してくると、上空5,000m付近では、いつも北極側と南極側が低気圧、赤道側が高気圧になっていて、南北両半球とも中緯度では西

風が吹いていることが分かってきました。ジェット気流はこの西風が特に強い所で、地上では温帯低気圧の通り道に対応しています。ジェット気流の位置が日ごとに南北に振動するのは、［資料6］に示したような波動状の気圧分布が西から東に向かってゆっくりと移動していくことの結果です。この気圧分布を地形図に見立てて、気圧が低い所を連ねた位置を「気圧の谷（実線）」、気圧が高い所を連ねた位置を「気圧の尾根（破線）」と呼びます。しかも重要なことは、気圧の谷の少し東に地上の低気圧が、気圧の尾根の少し東に地上の高気圧が位置しています。地上の気圧分布は地形の影響などもあって複雑ですが、上層の気圧の谷や気圧の尾根の動きは比較的スムーズです。このため、数値予報が主流になる前の気象庁の予報現場では、まず上層の気圧の谷や尾根の位置を予想し、そこから地上の天気を予想する手法が用いられていました。

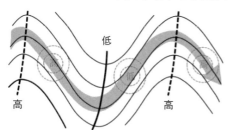

[資料6] 高層の気圧の谷・尾根と地上の低気圧・高気圧の対応
細実線：上層の等圧線
太矢印（薄赤）：上層のジェット気流
太実線：上層の気圧の谷
太破線：上層の気圧の尾根
高：高気圧
低：低気圧 （黒：上層、緑：地上）

豆知識

風船爆弾

　日本の上空に強い西風が吹いていることは軍部も承知していたようで、太平洋戦争末期の1944年11月から1945年4月の間、日本陸軍は気球に爆弾をつるして上空の西風に乗せ、アメリカ本土を爆撃する「風船爆弾」を製造し、約9,300発を千葉県や茨城県、福島県の太平洋沿岸から放球しました。風船本体は和紙をコンニャク糊でつなぎ合わせたもので、直径は10mでした。気球には水素ガス

を充填し、爆弾や焼夷弾が搭載されました。気球のガス抜けで高度が下がると、アネロイド気圧計に接続した装置がバラスト（錘）を切り離して高度を保つように設計されていました。放球した9,300発のうち、アメリカ本土に到達したのは確実なものは約300発、未確認のものも含めると最大でも約1,000発程度などとされています。公式に残るものとしては、オレゴン州で不発弾に触れて民間人6人が死亡したとの記録があり、山火事が発生したとの記事もあります。

（大西晴夫　p.36〜45）

参考文献
齋藤直輔（1982）：天気図の歴史. 気象学のプロムナード3, 東京堂出版／波部和夫（1953）：天気予報の歴史. 天気, 日本気象学会／二宮洸三（2014）：気象観測史的に見た高層気象台におけるジェット気流の発見. 天気／太平洋戦争研究会（2011）：面白くてよくわかる！太平洋戦争, アスペクト／Bjerknes, J. and H. Solberg (1921)：Meteorological conditions for the formation of rain, Geofysiske Publikatijoner, Norske Vindedkaps-Akad.／Bjerknes, J. and H. Solberg, (1922)：Life cycle of cyclones and the polar front teory of atmospheric circulation, Geofyaiske Publikatijoner, Norske Vindedkaps-Akad.／Shaw. N. (1926)：Manual of Meteorology Vol 1. Meteorology in History, Cambridge University Press

大気の未来を予測する数値予報

数値予報とは、物理学の方程式を解いて大気の将来を予測する方法です。
コンピュータの発展と数値予報技術の進歩により、精度は年々向上し、
現在では、大気の未来を予測する上で欠かせない技術になっています。

気象予報の試み「リチャードソンの夢」

　天気予報は19世紀後半に開始されましたが、当時は、天気図上に現れる高気圧・低気圧の動きや発達・衰弱を、予報官が経験に基づき主観的に予測するもので、その精度には限界がありました。

　20世紀になり、ノルウェー人の物理学者・気象学者ヴィルヘルム・ビヤークネス（Vilhelm Bjerknes/1862-1951）は物理法則に基づく科学的で客観的な天気予報の必要性を力説し、1904年、その基になる大気の運動を表す基本的な方程式（流体力学と熱力学の方程式）を導き出しました。この方程式は現在の数値予報でも使われています。

　この方程式を使って実際に天気予報を試みたのは、イギリスの数学者・気象学者ルイス・リチャードソン（Lewis Fry Richardson/1881-1953）で、1922年のことです。コンピュータのなかった時代ですので、彼は約6週間かけて手計算で方程式を解き、6時間先の予報を行いました。そして、「64,000人が大きなホールに集まり、1人の指揮者の下で整然と計算を行えば、実際の時間の進行と同程度の速さで予測計算を実行できる」と見積りました。ただ、彼が1人で行った計算の結果は6時間に145hPaという非現実的な気圧変化になりました。当時はその失敗の原因が分かりませんでしたが、天気予報にとってノイズといえる大気に含まれる高速の波の取り扱いが不適切であったためです。彼のこの数値予報の試みは「リチャードソンの夢」と呼ばれています。

原文には、指揮者が青と赤の光で計算の進行状況を指示し、スムーズに調整すると書かれている。

コンピュータの誕生と数値予報

高層気象観測の発展による効果

　リチャードソン以降しばらくは、数値予報を試みる人は現れませんでした。しかし、1940年代後半から50年代にかけて、数値予報は一気に花開くことになります。その要因として2つあげられます。1つは、1937年にアメリカで開始された高層気象観測です。これは、大気の上空を観測するもので、これにより、高気圧や低気圧が上空の大規模スケールの波と密接に関係していることを発見するなど、天気の変化をもたらす大気現象の理解が急速に進みました。

世界初のコンピュータの実験は気象の数値予報で

　2つ目はコンピュータの開発です。1946年、アメリカで世界初のコンピュータ「ENIAC」[資料7]が誕生しました。約18,000本の真空管を使い、当時としては画期的な計算機でしたが、20個程度の数値しか記憶できず、計算速度も1秒間に1,000回程度で、今のスマートフォンに比べればおもちゃみたいなものでした。開発者のフォン・ノイマン（John von Neumann/1903-1957）は、この計算機の威力を発揮できるテーマとして天気予報を取り上げました。チャーニー（Jule Gregory Charney/1917-1981）などの気象学者と協力して、リチャードソンの失敗を踏まえ、高気圧や低気圧に関係した大気上空の大規模な波の移動に適した方程式を用いて、その移動の様子を数値的に再現することに成功しました。1950年のことです。24時間先を予報するのに、ちょうど24時間の計算時間がかかったそうで、実用には適さないものでしたが、数値予報の可能性を示した点で大きな一歩となりました。

　その後、コンピュータの性能は大きく向上します。アメリカ気象局は1955年にENIACの十数倍の計算能力を持つIBM701を導入し、数値予報が実用化されました。

[資料7] 世界初のコンピュータのENIAC
（Wikipediaより／パブリックドメイン）

🌥 日本での数値予報の始まり

　アメリカに遅れることわずか4年、1959年に当時の世界最先端のコンピュータIBM704が気象庁に導入され、日本でも本格的な数値予報の運用が開始されました。この開発に当たっては、1953年に東京大学の正野重方教授をリーダーとして東京大学や気象庁、気象研究所の精鋭が集まって結成されたNPグループが中心的な役割を果たしました（NPは数値予報を意味するNumerical Predictionの略）。当時チャーニーの下で研究していた東京大学の岸保勘三郎博士が、アメリカでの数値予報開発の動向を頻繁にNPグループにもたらしたことも、成功の重要な要因の1つです。こうした気象の研究者・技術者の努力はもちろんですが、「東洋で最初の超大型電子計算機」を民間企業やほかの官庁に先駆けて気象庁に導入することを決断され、尽力された方々の存在も忘れることはできません。

　こうして始められた数値予報ですが、当初は予報精度が十分ではなく、予報官からはまったく相手にされなかったとのことです。しかし、スーパーコンピュータの飛躍的な性能向上に加えて、数値予報技術の進歩や気象衛星などの観測技術の進展により、数値予報の精度は年々着実に向上しています［資料8］。ちなみに、今の気象庁のスーパーコンピュータの計算性能は、IBM704の約1兆倍になっています。

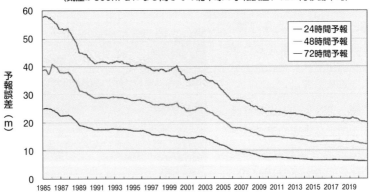

全球モデルの精度
（気圧が500hPaになる高さでの北半球の予報誤差、12ヵ月移動平均）

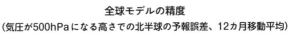

[資料8] 上空約5,500m付近の高度の予測精度の変遷（気象庁HPより）
予報誤差は2乗平均平方根誤差（RMSE）を指す。

☁ 数値予報の手順

数値予報は、観測データの収集、初期値の作成、予測、応用処理の順で行われます。

1. 観測データの収集

まず、世界中から気象の観測データを集めます。地上や海上での観測、気球を使った高層の観測、気象衛星による観測などです。データの交換はできるだけ早くする必要があり、気象専用の通信網が世界中に張り巡らされています。

2. 初期値の作成

次に、精度の悪いデータを除外するなどデータの品質管理を行ってから、大気の現在の状態を把握し、予測の出発点となる「初期値」を作成します。観測点の場所はバラバラなので、コンピュータで処理しやすいように、規則正しく並んだ三次元の格子に大気を分割し、それぞれの格子点上に気温や気圧、風などの値を配置します［資料9］。

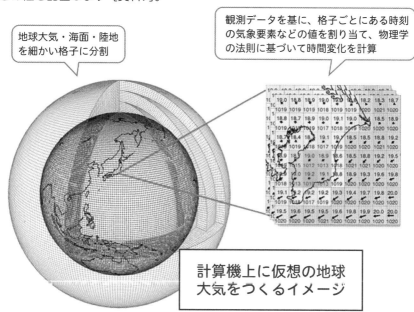

地球大気・海面・陸地を細かい格子に分割

観測データを基に、格子ごとにある時刻の気象要素などの値を割り当て、物理学の法則に基づいて時間変化を計算

計算機上に仮想の地球大気をつくるイメージ

［資料9］ 地球大気を格子状に分割したイメージ
（気象庁HPより）

3. 予測

　コンピュータを用いて物理学の方程式を数値積分し、大気の将来を予測します。精度よく天気予報を行うためには、実際に大気中で起きている現象をできるだけ精密にコンピュータ上に再現する必要があります。現在の数値予報モデルには、大気の流れはもとより、雲ができて雨が降る、地面や海面と大気の間で熱や水蒸気が交換される、太陽の日射（短波放射）が雲や地面を温め、地面から赤外線が放射（長波放射）されるなど、様々な気象現象［資料10］が考慮されています。

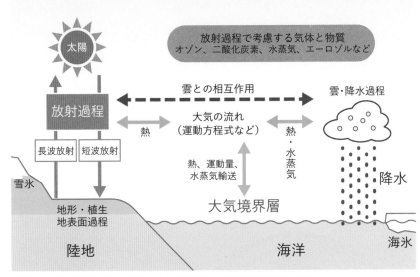

[資料10] 数値予報モデルで計算される気象現象（気象庁HPを基に作成）

4. 応用処理

　応用処理とは、数値予報の結果に様々な加工処理・統計処理をすることです。数値予報天気図の作成はその1つですが、重要なのは、天気予報ガイダンスと呼ばれる統計処理です。例えば、東京の明日の最高気温を予想する場合、天気予報の結果をそのまま使うと、モデルと実際の地形や標高の違いなどにより、大きな誤差が生じる可能性があります。このため、あらかじめ過去の数値予報の結果と東京の最高気温の観測値を統計的に処理しておき、それを使って最新の数値予報の結果を修正することで、最高気温の予測値を求めるものです。明日の最高・最低気温の予想や降水確率などは、こうして計算されています。

現在の数値予報モデル

　現在、日々の天気予報に使われている主な数値予報モデルは［資料11］の表のとおりです。全球モデルは地球全体を約20kmの格子で覆ったもので、天気予報や週間天気予報、台風予報などに使われています。一方、日本周辺の局地的大雨や強風などを予測するため、格子間隔5kmのメソモデルと格子間隔2kmの局地モデルが運用されています［資料12］。

　格子間隔を細かくすると、計算機の能力を大幅に増やす必要があります。例えば、格子間隔を半分にすると、水平と鉛直で格子点数は8倍になります。そして、数値積分の時間間隔も半分にする必要があるため、全体として16倍の計算時間がかかることになります。このため、地球全体をカバーする全球モデルでは格子間隔を粗くし、格子間隔の細かい局地モデルでは予報領域を日本周辺に限定する必要がある訳です。これらの数値予報モデルでは、海面水温など海洋の状態は変わらないと仮定して、大気の部分だけを計算しています。

数値予報モデル	予報領域	格子間隔	主な目的
全球モデル（GSM）	地球全体	約20km	天気予報、台風予報、週間天気予報
メソモデル（MSM）	日本周辺	5km	天気予報、局地的大雨
局地モデル（LFM）	日本周辺	2km	集中豪雨、局地強風

[資料11] 気象庁の主な数値予報モデルの概要

[資料12] 全球モデル（左）と局地モデル（右）の地形（気象庁資料より）
天気は周辺の地形、特に山岳の影響を強く受けるため、地域特有の天気や局地的な大雨・強風をよりよく予測するには、できるだけ格子間隔を細かくする必要がある。

大気海洋結合モデルとは

　一方、1ヵ月を超える季節予報や地球温暖化のような長期の予測では、海洋から大気への一方通行の影響だけでなく、大気と海洋が相互に影響しあう大気海洋相互作用が重要になってきます。このため、数値予報モデルは、大気と海洋を同時に計算する大気海洋結合モデルが使われています。

　この大気海洋結合モデルを最初に開発したのは真鍋淑郎博士です。彼はこれを用いて地球温暖化の研究を行い、その成果が認められて2021年のノーベル物理学賞を受賞しています。

私たちは気象・天気とどう付き合ってきたか

1

☁ 数値予報が今後果たすべき役割

　気象は時に自然災害をもたらすだけでなく、日々の人間活動にも大きな影響を与えます。数値予報は気象現象を予測する極めて有効かつ重要なインフラです。自然災害の防止・軽減はもとより、様々な社会経済活動に役立つ情報を数値予報が提供できる環境が整いつつあります。こうした状況を踏まえて、数値予報が今後果たすべき役割として以下のことがあげられます。

1．自然災害から住民の命を守る

　毎年のように甚大な被害をもたらす台風や線状降水帯（→p.139）などの予測精度を向上させることが重要です。そうすることで、早めの防災対策や住民避難につなげる必要があります。

　具体的には、大規模な風水害や高潮災害などの台風災害に対しては、数日前から広域避難などの防災行動が取れるようにすることです。

　線状降水帯については、その発生や停滞の予測精度を向上させ、明るいうちからの住民避難など、早期の警戒・避難を可能にする必要があります。現在、線状降水帯により大雨の可能性が高いと予想された場合、半日程度前から例えば「九州北部」といった地方単位で情報が発表されています。今後は、府県単位、さらには市町村単位と対象を細かくしていくことが必要です。

　スーパーコンピュータ富岳を使った最新の研究では、線状降水帯の予測がかなり現実に近くなってきています［資料13］。

開発中の予報モデル（解像度 1 km）　　　従来の予報モデル（解像度 5 km）　　　　　解析雨量

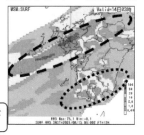
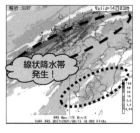

［資料13］スーパーコンピュータ富岳を用いた線状降水帯の予測（気象庁資料）
開発中の分解能 1 kmモデル（左図）は従来のメソモデル（中図）に比べて、線状降水帯の位置や強度が改善され、実際の雨（右図）に近い予測になっていることが分かる。

2. 社会経済活動への貢献

　半年先までの気象予測の精度向上により、気候リスクを軽減し、農業分野だけでなく様々な商品の生産性向上や流通の最適化など、社会経済活動を幅広く支援することです。予測精度の向上に加えて、利活用のノウハウを蓄積し社会に広く還元することも求められます。

3. 地球温暖化対策への貢献

　特に、今後は地球規模の温暖化だけではなく、よりきめ細かな「我が町」を対象とした温暖化予測情報を提供し、自治体や民間の適応策への取り組みに貢献していく必要があります。

　以上のような数値予報の役割を果たすためには、スーパーコンピュータのさらなる増強が不可欠です。それとともに、線状降水帯などの豪雨の予測に重要な水蒸気の観測や気象衛星による観測などを充実させることも重要です。そして、雲の生成や降水過程、大気放射など、自然現象の理解を深め、その知見を数値予報モデルに組み込み、数値予報モデルをより精緻化していくことも必要です。

　かつて、大学や気象庁などの研究者や技術者がNPグループをつくり、一丸となって開発を行った、そうした取り組みも今後は必要となるでしょう。

（瀬上哲秀　p.46〜53）

数値予報って、何だかどんどん進化していきそうな予感♥

コンピュータの性能がよくなったり、観測機能が高まって天気の仕組みがよく分かるようになったりすることで、少しずつ予報の精度が高まってきているのよね。

お！　そして次は観測のコーナーですね。ワクワク♪

気象の観測（地上気象観測）

天気を予測するためには、正しい気象情報の数値データ蓄積が
とても大切です。そのための気象観測について、
主に地上で行われる方法を見ていきましょう。

気象観測の重要性と現状

気象観測の目的

　気象観測の目的は、大気の状態やその変化を測定することにより大気現象に関する情報を得て、その結果を防災に役立てるとともに、天気予報の精度向上や気候変動の把握などのために精度の高い信頼できるデータを提供することです。

　天気予報は、現在の天気が今後どのように変化するかを予想するもので、現在の状態が正確に把握できなければ、将来の状態の予想はおぼつかないでしょう。

観測項目と観測所数

　我が国最初の気象観測所が1872年に北海道函館に開設されてから150年が経過しましたが、その間、観測所の増設と観測精度の向上や観測間隔の短縮が図られてきました。

　気圧は屋内の観測室に設置された気圧計で、風向・風速、全天日射量、日照時間は測風塔あるいは気象台の屋上などで、その他の項目は露場と呼ばれる芝生などが張ってある場所で観測されています。それぞれの観測ではおおむね10秒ごとに測定値がサンプリングされています。毎10分の値を10分値とし、毎正時の値を1時間値として、その値を速報値として公開しています。

●**気圧、降水量、気温、湿度、風向・風速、視程など**
　　…気象庁の気象台や全国約90カ所の特別地域気象観測所
　　（降雪のある地方では積雪の深さも自動観測）

●**全天日射量**…48カ所の気象台

一方、衛星観測が充実するに従い、観測地点が減少した項目があります。

●**日照時間**…すべて衛星観測　　●**雲量の観測**…全国11カ所のみで実施

[資料14]地上気象観測装置(長野地方気象台HPより)
写真上は測風塔上部、下は露場による観測。

[資料15] 通風筒
(気象庁提供)

☁ 気温の観測

　気温の高低は日常生活への影響が大きく、特に夏場は全国の観測結果がテレビやインターネットなどで速報されるようになりました。

　観測には白金抵抗温度センサーが用いられています。電気抵抗値は温度によって変化するので、電気的に測定した抵抗値から温度を算出します。鉱物の雲母や磁器などの薄板上に白金線を巻いたものをステンレスなどの保護管に収めた白金抵抗温度計として使用します。

　気温の観測は、日中は太陽放射熱の、夜間は放射冷却の影響を受け、測定値が大気の気温から外れることがあります。それを防ぐため、ステンレスと断熱材の二重の筒でできた通風筒[資料15」の中心部に温度センサーを取り付け、通風筒の上部のファンで強制的に空気の流れを作っています。通風速度は5 m/s程度です。

もっと知りたい！

温度計の応答の遅れ

気温が変化したときに温度計がその気温にどれだけ速く追随するかを示す値に時定数があります。白金抵抗温度計では、保護管の太さによって時定数が異なり、保護管の直径が細ければ短く、太ければ長くなります。通風速度約5 m/sで、保護管の直径が6 mmで時定数90〜120秒となります。観測装置では10秒ごとにサンプリングしています。

☁ 湿度の観測

　湿度の観測には、以前は乾球湿球温度計や毛髪湿度計が、その後は露点式湿度計が使用されました。現在では静電容量型湿度計が用いられています。アメダス（→p.62〜63）では、集中豪雨の予測精度の向上に必要な水蒸気監視能力の強化のため、2021年秋以降、相対湿度を測定する地点を増やしてきました。

　静電容量センサーは多孔質の高分子膜を誘電体としたコンデンサの構造をしています。水の誘電率は空気の80倍あり、相対湿度が変化すると、水蒸気の透過性の高い上部電極を通して高分子膜がその湿度に応じた水分を吸収し、それによって膜の誘電率が増加します。その結果、静電気容量が増加し、湿度の上昇として観測されます［資料16］。

　湿度計は、結露の影響を避けるために、通風筒（→p.55）の空気取入口に近い場所に、温度計とともに設置されています。気象庁では湿度を１％単位で観測しています。

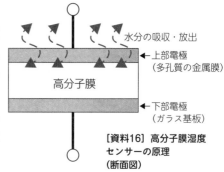

水分の吸収・放出

上部電極
（多孔質の金属膜）

高分子膜

下部電極
（ガラス基板）

［資料16］高分子膜湿度センサーの原理（断面図）

☁ 風の観測

　風の観測は、これまで風車型（プロペラ型）風向風速計を用いて行われてきました。プロペラを取り付けている流線型の胴体の後部に尾翼を付けることによって、プロペラは風向に正対するように向きます。

　寒冷地では、寒冷時や積雪時に風車型風向風速計が凍結することがあり、防氷装置を使用しています。また、付近に高い建物があると風向・風速は正しく観測できません。気象庁の観測所の多くは10mあるいはそれ以上の高さで観測しています。都市部では50m以上の高さで計測している所もあり、地上付近の風速よりかなり大きな風速となることがあります。

　実際は、プロペラの回転による信号（パルス）と、風向風速計の向きが出力され、変換装置が0.25秒ごとにサンプリングしたデータに基づいて求められます。

瞬間風速	観測時刻前3秒間の12個の値を平均して瞬間風速を求める。
最大瞬間風速	10秒間の40個の値のうちの最大値で、そのときの風向が最大瞬間風速の風向となる。さらに、前1分間の最大値を最大瞬間風速の1分値、前10分間の最大値を最大瞬間風速の10分値、前1時間の最大値を最大瞬間風速の1時間値などとして求め、その値が観測されたときの風向をそれぞれの最大瞬間風速の風向とする。
日最大瞬間風速	瞬間風速の正10秒値(その瞬間を中心とした10秒間の値)の中の最大値を求め、対応する時刻の風向を日最大瞬間風速の風向とする。
風速	0.25秒ごとの風速を10分間で平均して求めた値。 (実際には、正10秒ごとの風程「サンプリング風速×0.25〔40個〕の積算値、単位m」を正10分ごとに前10分間積算して求めている)
風向	風速を求めた10分間の風向単位ベクトルをベクトル平均して求める。風速は0.1m/s単位で、風向は36方位および16方位で観測される。毎10分値144個を平均して日平均風速が算出され、最も多かった風向が日最多風向となる。

超音波式風向風速計

気象台などでは風車型風向風速計が使用されていますが、現在アメダスでは順次、超音波式への交換が進んでいます。超音波式の風向風速計［資料17］は、超音波を受信・発信する素子を120°ごとの3カ所に配置し、送受信の時間差から風速成分を算出しています。音速は気圧や気温に依存しますが、それぞれの素子は超音波の発信と受信を時間で切り替えて動作し、往復の時間差を計測することで、音速変化の影響を除去しています。また寒冷地では、センサー部分の凍結を防ぐヒーターを内蔵しています。

[資料17] 超音波風向風速計
(気象庁提供)

超音波風向風速計には機械的な可動部分がなく、ごく弱い風では起動風速に限界がある風車型の測器より有利です。弱い風の観測に威力を発揮するうえ、強い風も機種によっては90m/sまで観測できるものがあります。

☁ 気圧の観測

　気圧の観測は、静電容量式圧力センサーを用いて行われます。このセンサーは、厚さ約1.5㎜のシリコン基板に形成された薄さ約4㎛の真空部が大気圧の変化により変形すると、それに応じて静電容量が変化する半導体素子です。気圧の測定は風の影響などを避けるため、露場ではなく、気象官署などの建物内で行われています。気圧の観測単位は0.1hPaです。

観測地の高さ・気温による「海面更正」

　気圧は、同じ場所であっても高さが1m異なると約0.1hPa変化するので、気圧計の設置場所の正確な高度を知ることは大変重要です。気圧計の観測値は現地気圧といいます。現地気圧の値を用いて天気図を描くと、地形図の等高線図のような天気図となってしまいます。そこで、現地気圧を気圧計の設置高度の値を用いて、その場所が平均海面高度（海抜0m）であった場合の値に補正します。このことを気圧の海面更正といい、海面更正後の気圧を海面更正気圧といいます。

この部分（山の中）の気温変化を
推定する必要がある

　大気密度は気温によって変化するので、気圧の海面更正をするには気温の値も必要となります。観測地点の気温を用いて海面までの気温を推定し計算をします。この計算では、気温減率（高度が上昇すると気温がどれだけ低下するかを示す値）を100mあたり0.5℃（0.47℃／100hPa）として計算しています。

　なお、標高が高いところでは、不適切な値となる可能性が高いため、気象庁では標高800m以上の観測点（富士山、奥日光、軽井沢、河口湖）については海面更正を行っていません。

☁ 降水量の観測

　初期から降水量は直径20cmの円筒で降水を集めて計測されてきました。以前は、この円筒内に降り注いだ降水は、漏斗によって内部の貯水瓶にためられ、観測時刻に瓶を取り出し、雨量ますに注いで降水量を計測していました。その後観測を自動化するために、一定量の降水がたまったら、それを捨てて新たに一定量の降水を計量する転倒ます型の雨量計が用いられるようになりました。雨量ますは0.1㎜単位の観測

[資料18] 助炭（風よけ）付き転倒ます型雨量計（気象庁提供）

が可能でしたが、0.1㎜ごとに貯まった降水を捨てる転倒ますでは、転倒の間の降水の取りこぼしが多くなることから、0.5㎜ごとに転倒する雨量計を採用し観測単位を0.5㎜としました。転倒ますが転倒した時刻に0.5㎜の降水がありましたと計数されますが、実際の降水は前回の転倒時刻から今回の転倒時刻の間の降水の和です。1分間に転倒した回数により1分間降水量、同様に10分間降水量、そして1時間降水量として観測されます。

ろ水器
（砂粒などを沈殿させて取り除く漏斗）

転倒ます

ますの転倒を検出するスイッチ

[資料19] 転倒ます型雨量計の内部
（沖縄気象台HPより）

もっと知りたい！

降雪地の降水量観測

　雪が漏斗部分にとけずにたまることを防ぐため、雨量計の漏斗部分の周囲には雪をとかすヒータを巻いています。また、風の影響で雨や雪の捕捉率が下がることを防止するための風よけ（助炭）が周囲に設置されています。積雪の少ないところでは、雨量計は地面近くに設置されていますが、積雪地帯ではポールを立てて2m以上の高さの所に設置されているものがあります。

☁ 日射量の観測

　日射量とは、太陽からの放射エネルギー量を指します。天気の良い日は日射が強く、曇や雨の日は日射が弱くなります。太陽光発電量や植物の生育は全天日射量との相関が高いことから、日射量の測定値は産業への利用価値の高い気象データの1つとなっています。

　全天日射量は地表が受け取るすべての太陽光エネルギーを指し、太陽から直接到達する直達日射量と、天空の全方向から入射する散乱日射量および雲からの反射日射量を合計したものです。

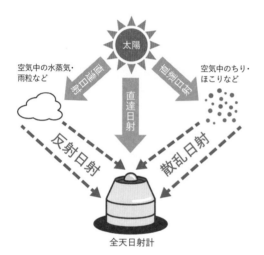

[資料20] 全天日射計の仕組み
（福岡管区気象台HPを基に作成）

もっと知りたい！

全天日射計による数値の割り出し

全天日射計は、約0.3μmから約3～4μmの波長範囲内の上方の半球から入射する光束の放射強度を測定します。全波長範囲を吸収する黒色の受光部は日射を受けると温度が上昇しますが、その温度上昇を熱電堆によって電位差として計測し、それを換算式によって日射量として観測しています。

☁ 日照時間の観測

　日照時間とは、1日の間に直射日光が地表を照射した時間です。太陽からの直達日射量が120W/m²以上ある時間を対象に観測が行われてきました。太陽からの直達日射を観測するためには、太陽を追尾する必要がありますが、実際に太陽を追尾しながら観測する太陽追尾式日照計と、太陽を追尾せずに、反射鏡を2分で1回転させ、反射光の強度が基準を超えると日照ありとする信号（パルス）を出す回転式日照計があります。アメダスでは回転式日射計が使用され

てきましたが、2021年3月2日をもって、日照
計による日照時間観測を終了し、気象衛星ひまわ
りの観測データを用いた推計気象分布（日照時間）
から得られる値を、アメダス観測点での日照時
間（推計）として、これまでの実測値と同じよう
な形で提供しています。

［資料21］日照計
（長野地方気象台HPより）

視程の観測

　視程とは、どの程度遠くまで見ることができるのか、その見通し距離のこと
です。この観測は、以前は気象台や測候所（気象台の下部組織となる地方機関）
の観測場所からの距離が分かっている目標物を目安にして観測員が目視で行っ
てきました。測候所の無人化（観測所となる）に伴い、現在では大半の観測値
は視程計による自動観測となりました。

　視程計は投光器から赤外線を投射し、その直達光が入らない位置に設置した
受光器で、空気中の水蒸気や雨粒、ちりなどにより散乱（前方散乱）されて弱
まった赤外光の強さを測定し、その値から視程を計算します。

　目視観測していたときは、視程は50km以上の観測値が得られていましたが、
現在の視程計によって計算される最大視程は20kmです。視程は、視程計が設
置された周辺の気象条件だけでなく、そこから離れた場所の条件も影響するた
め、視程計による視程と、以前の目視観測の視程とは同じものとはいえません。
視程は、方角による変化も大きく、それを単一の値で示すことにも限界があり
ます。　　　　　　　　　　　　　　　　　　　　　　（内山常雄　p.54〜61）

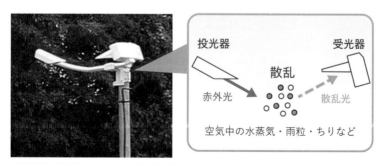

［資料22］視程計の仕組み（写真：福岡管区気象台HPより／図：福岡管区気象台HPを基に作成）

アメダスによる自動気象観測

天気予報でよく聞く「アメダス」。
知っているようで知らないことが多いことでしょう。
命名から実際の役割など、詳しく紹介します。

東京・北の丸公園露場（東京管区気象台提供）
天気予報などの放送で引用される「東京都心」はここの観測値。積雪計（手前）、温度・湿度計（左）、雨量計（奥）。アメダスにはない感雨器（右：雨の降り出しを感知）も見える。風向・風速計は隣接する科学技術館屋上に設置されている。

名称のいわれ

　アメダスというのは、気象庁が全国に展開している自動地上気象観測施設である「地域気象観測システム」の略称です。英語表記にした場合の"Automated Meteorological Data Acquisition System"の頭文字を取って命名されました。気象庁内の事前検討では、「アムダス（AMDAS）」とすることが提案されていましたが、小文字のeを生かして「アメダス（AMeDAS）」とすることで決着しました。「雨」にも通じ、親しみやすい名称として定着しています。

アメダスの役割

　従来の気象官署の観測網だけでは把握しきれない、局地的な大気の現状を観測するために設けられました。これにより、集中豪雨や暴風、強風、豪雪などの気象災害を事前に警告し、被害を防止・軽減することが大きな目的です。

　アメダスの運用開始は1974年11月1日で、現在、全国に約1,300カ所（約17km間隔）に設置されています［資料23］。この数には、より多くの観測を行っている気象台（元測候所の「特別地域気象観測所」を含む）155カ所も含まれています。このうち、4要素（気温、風向・風速、降水量、湿度）の観測所が約690カ所、3要素（気温、風向・風速、降水量）の観測所が約70カ所、雨量のみの観測所が約370カ所です。3要素以上の観測所の平均密度は約21km間隔で、

きめ細かな気象現象の把握に役立っています。日照時間の項目でものべたように、4要素の観測所の日照時間の観測は2021年に中止され、大雨の予測に重要な相対湿度の観測に順次切り替えが行われています。また、雪の多い地方の約330カ所では、レーザー光を照射して雪面で反射させ、その往復時間から積雪の深さを観測することも行っています。

（内山常雄・大西晴夫　p.62〜63）

気象官署	155カ所 （特別地域気象観測所を含む）
4要素観測所	687カ所 ※湿度観測所は250カ所
3要素観測所	74カ所 （臨時観測所1カ所を含む）
雨量観測所	370カ所 （臨時観測所1カ所を含む）
積雪深観測所	333カ所

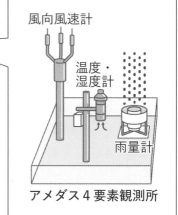

風向風速計

温度・湿度計

雨量計

アメダス4要素観測所

[資料23] アメダスの設置数（2023年1月1日現在）とアメダスのイメージ図

アメダスってたくさん設置されてるんですね。近くにあるなら、見てみたいかも！

ふふふ。ネットで調べられるぞよ。https://tenki.jp/amedas/map/ から、詳しい場所が分かるのじゃ。（こないだ寒沢先生に教えてもらったんだけどね）

ほんとだ！　現在の観測数値まで見られるんですね。

ただ、どこかの敷地内だったりして、見に行けない場所もあるから、気を付けてね。

雲分類の基本となる十種雲形

すべての雲は、大きく10種類に分けられます。
これが十種雲形で、雲の観測や研究の基本となっています。
気象を学ぶのに役立つだけでなく、空を見るのが楽しくなるでしょう。

雲分類の歴史－国際雲図帳が刊行されるまで

　1802年にフランスの博物学者ラマルク（J.B.Lamarck/1744-1829）が世界で初めて雲の分類を提案しましたが、残念ながらほとんど普及しませんでした。翌年、イギリスの気象学者ハワード（Luke Howard/1772-1864）が雲の分類法を提案すると、今度はあっという間に世界中に広まり、これを機に雲の研究が一気に進みました。ハワードは基本形として巻雲、積雲、層雲、乱雲（雨を降らす雲）を決め、さらに組み合わせ形として巻積雲、巻層雲などを定めました。

　次にイギリスの気象学者アバークロンビー（Ralph Abercromby/1842-1897）は全世界を旅し、世界中の雲が同じ分類法で分けられることを示しました。

　さらにその後も活発に研究が行われ、今の十種雲形の原型ができあがりました。そして1896年には、雲分類の指針となる『国際雲図帳』が初めて発行され、その後も何回かアップデートが行われてきました。今では、すべての雲が、その浮かぶ高さ、主な形、降水の有無などの特徴から大きく10種類に分けられ、雲分類の基本として「十種雲形」と呼ばれています（→p.66～67）。

国際雲図帳は2017年に修正－飛行機雲の行方

　国際雲図帳は1975年版が出た後、それが長く使われてきましたが、2017年に新しいバージョンが公開され、現在はそれが最新となっています。

　2017年版は、十種雲形は1975年版をおおむね踏襲しているものの、細分類（→p.65）は新しく７種類が追加されるなどしました。またspecial cloudsとして特殊なメカニズムでできるものがいくつかリストアップされました。その中には人間活動に伴って発生する雲（homogenitus）もあります。そして前のバージョンでは位置付けがはっきりしていなかった飛行機雲は、人間活動によってできる巻雲とされました。

飛行機雲
10分以上出続けるものは人間活動由来の巻雲として位置付けられた。

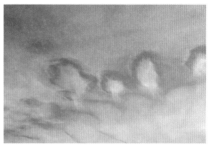

穴あき雲
2017年版で新たに追加された細分類（補足雲形）の1つ。雲にぽっかり大きな穴があき、穴の部分には氷晶からなる雲のすじができることも。

━━ もっと知りたい！ ━━

さらに詳しく分ける方法も

雲の名前を記録するときは、まずざっくりと10種類に分けてから、必要に応じて細分類の中から該当するもの選んで列記していくという形を取ります。細分類は種（雲の形状）、変種（雲の配列、厚さ）、付属雲（基となる雲に付属する雲）、補足雲形（雲に部分的に現れる特徴）の4つのカテゴリーに分けられます。例えばp.66の高積雲の写真は、細分類まで列記すると、「高積雲の房状雲・すきま雲・不透明雲・放射状雲」となります。

雲の細分類の例

種	毛状雲、鈎状雲、濃密雲、塔状雲 房状雲、層状雲、霧状雲、レンズ雲 断片雲、扁平雲、並雲、雄大雲 ロール雲、無毛雲、多毛雲
変種	もつれ雲、肋骨雲、波状雲、放射状雲 蜂の巣状雲、二重雲、半透明雲、不透明雲 すきま雲
付属雲	頭巾雲、ベール雲、ちぎれ雲、流入帯雲
補足雲形	かなとこ雲、乳房雲、尾流雲、降水雲 アーチ雲、漏斗雲、売底雲、波頭雲 穴あき雲、壁雲、尻尾雲

鈎状雲（かぎじょううん）
「種」の1つ。雲のすじが折れ曲がったり、先がクルンと巻いたりするもの。

波状雲（はじょううん）
「変種」の1つ。雲が等間隔に並んだもの。縞模様に見えることが多い。

頭巾雲（ずきんぐも）
「付属雲」の1つ。積雲や積乱雲のてっぺんにできる頭巾をかぶせたような雲。

十種雲形を見てみよう

5,000〜13,000m（上層雲）

······8,848m エベレスト

巻雲（すじぐもなど）
けんうん

十種雲形の中で最も高いところにできる。氷晶からなる白く輝く繊維状の雲で、糸くずや毛、羽根、釣り針を連想させるような形になることが多い。

2,000〜7,000m（中層雲）

高積雲（ひつじぐもなど）
こうせきうん

典型的なものは、多数の小雲を敷き詰めたような姿だが、レンズ状、帯状、波状（縞模様）など、形や並びのバリエーションは豊富。個々の小雲は巻積雲に比べると大きい。

······3,776m
富士山

2,000m以下（下層雲）

層積雲（くもりぐも、かさばりぐもなど）
そうせきうん

大きな雲のかたまりで、低いところに浮かぶため真上にあると重苦しい感じがする。雲の色は白色〜黒灰色と多彩でムラが大きい。また形のバリエーションも豊か。

層雲（きりぐもなど）
そううん

十種雲形の中で最も低いところに浮かぶ湯気のような雲。高層ビルの上部を隠したり、山肌にまとわり付いたりする。分厚いものは霧雨をもたらす。

100〜13,000m（対流雲）

巻積雲（いわしぐも、うろこぐもなど）

粒のように細かい小雲がびっしりと並び、しばしば波状（縞模様）になる。太陽や月のまわりに彩雲や光環（いずれもp.116）ができることも。

巻層雲（うすぐもなど）

氷晶からなる雲で、輪郭がはっきりせず、空が何となくぼんやりとかすんだように見える。雲を通しても太陽はまぶしく、ふつうハロ（p.117）を伴う。

高層雲（おぼろぐもなど）

空の広範囲を覆う、灰色の単調な雲。色ムラや模様はあっても弱く、平面的な感じがする。比較的薄いものは、雲を通して月や太陽がおぼろげに見える。

乱層雲（あまぐも、ゆきぐもなど）

低気圧や前線に伴って発生し、しとしとと長時間雨を降らせる。とても分厚い雲で、この雲に覆われると昼でも薄暗くなり、空は一様にねずみ色になる。

積乱雲（かみなりぐもなど）

十種雲形の中で唯一発雷能力のある雲。とても背の高い巨大な雲で、雲の下では激しい雷雨となっている。竜巻などの突風、ひょうなどの激しい大気現象を伴うことも。

積雲（わたぐも、つみぐもなど）

晴れた日に多い、もくもくとした白い雲のかたまり。大気の状態が不安定なときは、どんどん背が高くなり、雨を降らすことも。さらに発達すると積乱雲になる。

（岩槻秀明　p.64〜67）　**67**

高層気象観測

天気予報には上空の気温・湿度・風向・風速などの気象要素の鉛直構造と
水平面の分布を知るための高層気象観測が必要です。
これを行うのがラジオゾンデ観測とウィンドプロファイラによる観測です。

ラジオゾンデによる観測

1. 上空の気温と湿度等の観測

　ラジオゾンデによる観測は、水素ガスまたはヘリウムガスを詰めたゴム気球に気象観測器（ラジオゾンデ）をつるして飛揚し、上空の気圧と気温、湿度を測定し、測定値を地上へ送信します。1981年まで使用されたラジオゾンデは、各要素を器械的な変化として測定し、モールス符号で送信していました。電子工学などの技術向上に伴い、1981年以降は、気温センサーにサーミスタ温度計（温度による電気抵抗値の変化で測定）や白金抵抗温度計を、湿度センサーにはカーボン湿度計や高分子感湿膜湿度計を用い、各

> **豆知識**
>
> ### ラジオゾンデの一生
>
> ラジオゾンデをつるして飛揚するゴム気球には、各センサーへの通風を考慮して毎秒5～6mの速度で上昇する量のガスを詰めます。ゴム気球は膨張しながら浮力を得て上昇し、ゴム膜の伸びる限界に達すると破裂します。この破裂高度がラジオゾンデ観測の到達高度で約30kmです。気球が破裂した後はパラシュートでゆっくり降下します。ラジオゾンデには、気象庁が飛揚した気象観測器であること、発見者に回収のための連絡をお願いするラベルが貼られています。

気象要素の変化を電気的な変化で測定し、周波数の変化として送信する方式が採用され小型軽量化が図られました。現在使用されているラジオゾンデ（GPSゾンデ）は、全球測位システム（GPS：Global Positioning System）を利用して高度（気圧）を測定するため、気圧センサーが不要であることや、使用する電源の改良などにより軽量化が図られ、重量約40gのものもあります。
　地上ではラジオゾンデから送信される電波を受信して、受信電波から気圧（高度）、気温、湿度の信号を分離し、各気象要素の値に変換することにより上空の気圧（高度）、気温、湿度を求めます。気象庁は現在、国内16カ所の観測地

点と南極昭和基地で、国際的に定められた09時と21時（世界時の00時と12時）
の2回、GPSゾンデによる高層気象観測を毎日実施しています。

2. 上空の風向と風速（高層風）の観測

　高層風の観測は、ラジオゾンデを
追跡して、その移動方向と移動距離
を測定して行います。ゴム気球を測
風経緯儀で追跡して方位角と高度角
を測定して行う方法をパイボール観
測といい、ラジオゾンデからの電波
到来方向を方向探知機で自動追跡し
て、ラジオゾンデ観測による高度と
方向探知機の方位角および高度角を
用いて行う方法をレーウィンゾンデ
観測といいます［資料24］。

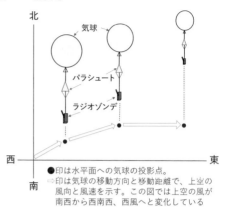

● 印は水平面への気球の投影点。
⇨ 印は気球の移動方向と移動距離で、上空の
風向と風速を示す。この図では上空の風が
南西から西南西、西風へと変化している

［資料24］レーウィンゾンデ観測のイメージ

　現在、高層気象観測に使用されているGPSゾンデの場合は、GPS測位シス
テムを利用し、GPSゾンデの位置の変化やGPSゾンデとGPS衛星との相対速
度の変化から高層風を観測します。

> ウィンドプロファイラによる観測

　ウィンドプロファイラは「上空の
風（ウィンド）の鉛直断面図（プロ
ファイル＝横顔）を描くもの」とい
う意味の英語の合成語です。地上か
ら上空5方向に電波を発射し、大気
中の乱流や雨滴で散乱され戻ってく
る変化した電波の周波数「ドップラ
ー効果」を利用して高層風を観測し
ます［資料25］。風の立体的な流れ
が分かる観測方法です。気象庁は
1.3GHz帯の電波を使用し高度約
12kmまでの高層風を10分間隔に33
地点で観測しています。

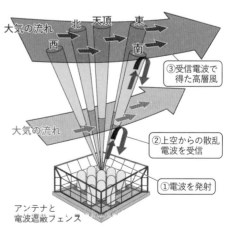

［資料25］ウィンドプロファイラ観測の原理の概要

（阿部豊雄　p.68〜69）

気象レーダー

「気象庁　雨雲」とネット検索すると気象庁HPの「雨雲の動き」がヒットし、
日本列島の地図の上に強度に応じて色分けされた雨や雪の分布が示されます。
これは気象レーダーが集めた情報が基になっています。

降水分布の情報

　レーダーは、アンテナから電波を発射し対象物で反射（正確には散乱）して
戻ってきた電波から、対象物の位置や性質を知る装置です。船舶や航空機の運
航など社会の様々な分野で利用されています。このひとつである気象レーダー
は降水（雨・雪・あられ・ひょう）の分布とその強さを測定します。気象庁の気
象レーダーでは、直径４mのお椀型（パラボラ型）アンテナを１分間に４回程
度の速度で回転させながら、波長5.6cmの電波を数マイクロ秒というごく短い
時間だけパルスとして発射します。周囲に降水があると、そこから反射して戻
ってきた電波（エコーといいます）を同じアンテナで受信し、電子回路で処理
した上で、その強さ（強度）を１kmの格子（メッシュ）上にデジタル値として
出力します［資料26］。１台の気象レーダーはおおよそ半径200kmの円内の領
域の降水を測定します。

東京レーダー（千葉県柏市）

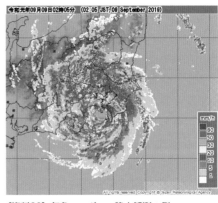

［資料26］気象レーダーの降水観測の例

気象庁では20カ所に設置されている気象レーダーによって全国をカバーしています。雨雲や雪雲の高さは数km〜15kmですから、気象レーダーではアンテナが1回転するごとにその仰角（上下の角度）を水平から20°程度まで変化させ、降水雲の鉛直方向の情報も得ています。

降水量の情報

気象レーダーによる降水量の観測

降水の分布（広がり）はレーダーの画面上のエコーの有り無しで分かりますが、降水量（例えば1時間に降る雨量）はどのようにして知るのでしょうか。これは少し厄介です。強い雨からは強いエコーが返ってきますのでエコーの強さ（雨量強度）から雨の強さをある程度は判断できます。ところが大雨注意報や大雨警報を発表するためには、例えば「1時間に100㎜の降雨」など、数値として雨の量を知ることが必要となります［資料27］。

「雨滴から返ってくるエコーの強さは雨滴の直径の6乗に比例する」という法則があります。この法則を利用するとエコーの強さから雨量強度、さらにそれを積算すると雨量値を簡単に測定できます。しかし困ったことに雨雲の中にはサイズの異なった雨滴が多数存在します。このため雨滴のサイズの分布を知らないとエコーの強さから雨量強度を正確に求めることはできません。長年の研究により平均的な雨滴のサイズ分布は分かっていますので、それを利用すると大まかな雨量強度を計算することができます。Z-R関係（Zはエコーの強さ、Rは雨量強度の略です）による雨量強度の測定といわれる手法です。しかし雨滴のサイズ分布は雨雲の種類（弱い雨をもたらす低い雨雲や高度10kmを超えるような発達した積乱など様々です）で異なりますので、この手法だけでは大雨警報を出す際に必要とする精度で雨量強度を求めることはできません。

アメダスで補正して高精度の情報へ

気象庁のアメダス（→p.62〜63）には雨量計が付属しており、雨量計を使えば雨量値を正確に測定できます。アメダスの雨量計は全国の約1,300カ所に設置されており、隣の雨量計との距離は平均して17kmです。ところが大雨をもたらす積乱雲の水平サイズは10km程度ですから、積乱雲が雨量計と雨量計の

間に発生すれば、アメダスの雨量計からその大雨を測定することはできません。

　そこで考えられたのが気象レーダーで測定した雨量の値を雨量計を使って補正する方法です。気象レーダーのメッシュ上で測定された雨量値を、その格子と同じ位置にある雨量計の雨量値に一致させるように補正してやり、さらにそのときの補正係数を周囲の気象レーダーのメッシュにも適用すれば、気象レーダーによって1kmメッシュで正確な雨量分布を知ることができます。こうしてできた雨量の分布図を「解析雨量」と呼んでおり、冒頭に述べた気象庁HPの「雨雲の動き」にはこの解析雨量が使われています。

世界で最も信頼性の高い降水監視システム

　1980年代に日本で開発されたこの解析雨量は、世界で最も信頼性の高い雨量分布情報を提供するシステムです。気象庁では大雨警報の発表基準を市町村ごとにあらかじめ設定し、解析雨量から算出した指数（表面雨量指数と土壌雨量指数→p.137）がその基準に達するときに大雨警報を発表しています。例えば東京都のとなり合う千代田区と港区であってもこの指数は異なります。こうしたきめ細かい防災情報を発表できるのも、気象レーダーとアメダスを組み合わせた解析雨量があるからです。

雨雲・雪雲の中の風を測定

　気象レーダーにはもう1つの機能があります。ドップラー効果を使って雨雲・雪雲の中の風（気流）を測定する機能です。ドップラー効果は、近づく救急車のサイレンの音程が本来より高くなり、遠ざかるときには低くなることで知ることができます。雨滴は水平方向には周囲の風に流されて移動しているので、ドップラー効果で発生する気象レーダーの受信電波の周波数の変化（発射した周波数からのズレ、ドップラー速度といいます）を測定すれば、雨雲の中の風の分布が測定できます。気象庁の20台の気象レーダーによって、竜巻を発生させる可能性がある積乱雲内のメソサイクロンという渦状の気流を監視し、「竜巻注意情報」の発表の基準の1つにしています。さらにドップラー速度の値は数値予報の初期値（観測値）としても使われています。

　また、日本の9つの空港では空港気象レーダーによって空港周辺の風の急変が監視されており、その情報が監制官から離着陸する航空機に伝えられます。

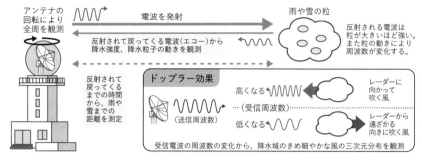

[資料27] 気象レーダーによる観測の概要（気象庁HPを基に作成）

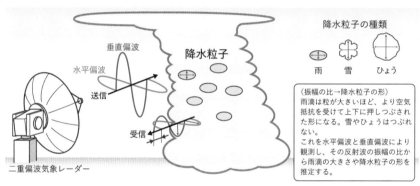

[資料28] 二重偏波気象ドップラーレーダーの観測原理（気象庁HPを基に作成）

さらに進化する気象レーダー

　これまでの気象レーダーでは水平面内で振動する電波を発射しますが、最近の気象レーダーにはこれに加え垂直の波の電波も発射する機能（二重偏波機能）が搭載されるようになりました。雨雲の中の雨滴の直径は0.1〜8㎜です。雨滴はその直径が小さいときにはほぼ球形ですが、大きくなるにつれ落下中の空気抵抗によって上下に押しつぶされた形になります。このため、受信した水平の電波と垂直の電波の量を比較すると雨滴の形状を推定できます。これにより雨量を正確に測定することができ、先でのべた解析雨量の作成においても、この機能の利用が始まっています。さらに二重偏波機能を使って雨雲と雪雲の判別や積乱雲の中のひょうを検出する研究も進められています［資料28］。

（石原正仁　p.70〜73）

気象衛星「ひまわり」

天気予報の番組などでよく聞く「ひまわり」について見ていきましょう。
「ひまわり」は、宇宙から地球の上の雲の写真を撮って、その情報を
電波で地上に届ける役目をしている日本の人工衛星です。

ひまわりの役割と規模

　ひまわりは、赤道上空約35,800kmの軌道上（静止軌道）にあって地球の自転と同じ周期で地球をぐるぐる周回しています。地球からは赤道上空に静止しているように見えるため、「静止気象衛星」と呼ばれます。

　気象庁は地球表面の約⅓を視野に収めるひまわりの衛星画像を利用することによって、台風の発生から消滅まで、その動きや発達、衰弱の状況を克明に把握することや、低気圧の発生、移動、発達、衰弱、前線に伴う数千kmのスケールを持つ雲域、雷雲など数時間で変化する雲域などを常時監視しています。

　世界気象機関（WMO）により世界気象監視計画（WWW：World Weather Watch）が決められており、静止衛星と、より低高度で極軌道を周回する極軌道衛星とを組み合わせて、地球全体をカバーする気象衛星観測ネットワークができています。これには、静止衛星では米国、欧州宇宙機関、日本、韓国、インド、ロシア、中国が、極軌道衛星では米国、欧州宇宙機関、ロシア、中国が加わっています。

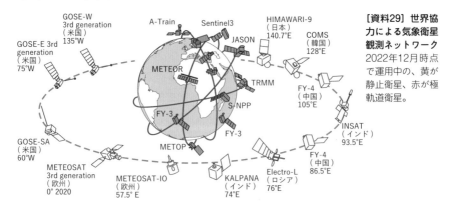

[資料29] 世界協力による気象衛星観測ネットワーク　2022年12月時点で運用中の、黄が静止衛星、赤が極軌道衛星。

進化したひまわり8号の機能

高性能で詳細な画像へ

　ひまわり8号は、これまでの日本の気象衛星だけでなく、現在世界の各気象機関が運用しているすべての静止気象衛星と比べても格段に優れた世界最先端の「次世代型」の可視赤外放射計AHI（Advanced Himawari Imager）を搭載し、2015年7月7日の本運用開始以後、かつてない豊富な雲画像の情報を提供し続けています。観測された様々なデータは雲画像として利用されるほか、コンピュータ処理により上空の風向風速や温度など多くの物理量が計算され、数値予報にも使われています。

　ひまわり8号の可視赤外放射計では、可視域3バンド、近赤外域3バンド、赤外域10バンドの計16バンドで観測しており、これまでの衛星画像からは見分けられなかった現象でさえも、鮮明に見ることができるようになりました［資料30］。

　特に可視域を3バンドに分割し、それぞれをR（Red：赤）、G（Green：緑）、B（Blue：青）の波長帯に割り当て合成したRGB合成カラー画像の作成が可能

バンド番号 略称名 波長帯名			中心波長 （μm）	解像度 衛星直下点 （km）	想定される用途	
1	V1	可視	0.47	1	植生、エーロゾル、B	カラー画像
2	V2		0.51		植生、エーロゾル、G	
3	VS		0.64	0.5	植生、下層雲・霧、R	
4	N1	近赤外	0.86	1	植生、エーロゾル	近赤外域の拡充
5	N2		1.6	2	雲相判別	
6	N3		2.3		雲粒有効半径	
7	I4	赤外	3.9	2	下層雲・霧、自然火災	←火災域
8	WV		6.2		上層水蒸気	水蒸気バンドの分割
9	W2		6.9		上中層水蒸気	
10	W3		7.3		中層水蒸気	
11	MI		8.6		雲相判別、SO2	水蒸気バンドの分割
12	O3		9.6		オゾン全量	
13	IR		10.4		雲画像、雲頂情報	
14	L2		11.2		雲画像、海面水温	
15	I2		12.4		雲画像、海面水温	
16	CO		13.3		雲頂高度	

[資料30] ひまわり8号の可視赤外放射計（気象庁HP参考）
ひまわり6・7号は表のバンド番号のうち、3・7・8・13・15の5チャンネルだけの観測だった。

となったことや、近赤外画像と赤外画像等の組み合わせにより、水雲と氷雲の違いやその変化の様子、雲以外の黄砂や風塵、火山の噴煙を鮮明に見ることができるようになりました。

さらに水蒸気画像のバンドを3つに分割したことにより、上層・中層の異なる高さの水蒸気の分布を推定でき、その利用の仕方も大幅に変わることとなりました。

高頻度の観測

全球画像を10分ごとに観測し（以前のひまわり6・7号では30分ごと）、その10分間に日本付近や台風の周辺は2.5分間隔、さらに特定の領域（500km×1,000km）は30秒ごとに観測するなど、観測間隔が飛躍的に向上しました。

すでにレーダーの観測網を使った30分解析雨量や、高解像度ナウキャスト、竜巻発生確度ナウキャストなど、局地的な集中豪雨の予想や竜巻などの突風を予測する技術の改善が行われてはいます。さらに2.5分観測からつくられる新たなデータ解析の手法により、今後は、雷・竜巻などの突風・降水予測に加えて、線状降水帯ができるかどうかを総合判定し、より早く局地的な集中豪雨や竜巻などの突風が起きる地域を見分けることができるようになる見込みです。

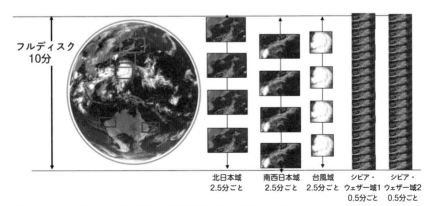

フルディスク
10分

北日本域
2.5分ごと

南西日本域
2.5分ごと

台風域
2.5分ごと

シビア・
ウェザー域1
0.5分ごと

シビア・
ウェザー域2
0.5分ごと

[資料31] 全球画像10分と同時並行の高頻度観測（気象庁ＨＰより）

衛星画像の活用

衛星画像のいくつかの例を写真で見てみましょう。可視光の波長帯の反射強度を画像化した可視画像には、ナチュラルカラー画像、トゥルーカラー画像、トゥルーカラー再現画像などがあります。

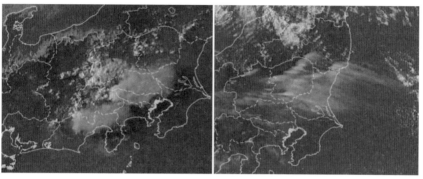

[資料32] 雲の可視画像／解像度0.5km（気象庁ＨＰより）

　[資料32] は、異なった時刻のトゥルーカラーの雲画像です。反射の大きい所は明るく、小さい所は暗く画像化しています。関東甲信地方に見える雲は、左は雲の影に凹凸が見える積雲や積乱雲の場合で、右は上層の風の流れに沿って風下側に、直線状に長く伸びる巻雲の場合です。

　[資料33] は、トゥルーカラー画像で見た関東地方の積雪です。地面は相対的に反射が少ないため暗く見えますが、雪は反射が大きいため白く見えます。動画では雲は流れに沿って動きますが、関東地方の積雪や富士山、中央アルプスの積雪は、動きがないので積雪と識別できます。

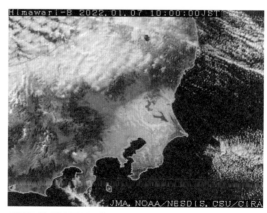

[資料33] 関東平野の積雪2022.1.7_10時
（気象庁ＨＰより）

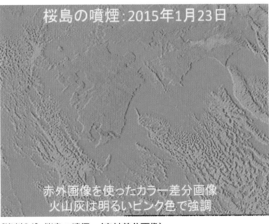

［資料34］桜島の噴煙　（赤外差分画像）
（気象庁ＨＰより）

　［資料34］は、2015年１月23日の桜島の噴煙の赤外画像を使ったカラー差分画像（バンド13とバンド７を合成）です。周囲より温度の高い火山灰は、明るいピンク色に強調されています。動画では上空の風の流れに沿って南東に流れていきます。
　［資料35］の左は、１世代前のひまわり７号の可視画像、右はひまわり８号のナチュラルカ

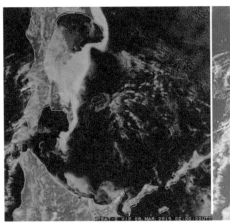

［資料35］海氷の画像例（気象庁ＨＰより）
左：ひまわり７号（可視画像）　右：ひまわり８号（可視・赤外複合）

ラー画像と赤外画像を合成した画像です。海氷や雪は反射が大きいことから可視画像では明るい白色に見えます。ひまわり８・９号の可視・赤外複合画像では、雪や海氷がシアン色になっています。
　［資料36］は、赤外画像の輝度温度に対応して着色した雲頂強調画像で、赤い色ほど雲頂が高く温度が低い雲となっています。局地豪雨に伴って現れるにんじん状雲（テーパリングクラウド）は、中・上層の風上側に向かって、次第に細く毛筆状あるいは、にんじん状になっている形状の雲域で、風上側から風下側に連なる積乱雲の雲列と上層風に流されるかなとこ巻雲で構成されています。にんじん状雲の根本部分では積乱雲の発生が続くことから、線状降水帯に

よる猛烈な雨、突風、落雷、降ひょうなどの顕著現象を伴います。この日、静岡県では大雨による土砂崩れなどの災害が発生しました。

　[資料37] は、2015年8月7日21時には、台風第13号は中心気圧935hPa、最大風速90ノットでした。これは「ひまわり」で観測した台風の画像に、低軌道（極軌道）衛星からのマイクロ波散乱計で観測した海上の風向・風速を重ねた画像です。低軌道衛星から海面に向けて電磁波を射出し、その電磁波の後方散乱を衛星のアンテナで受信することで、海上の風速が強く海面が波立っている場合は、射出された電磁波の後方散乱が増大することを利用して計算されます。

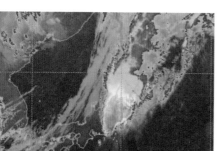

[資料36] 2022年9月24日4時の雲頂強調画像　にんじん状雲（気象衛星センターHPより）

[資料37] 低軌道衛星のマイクロ波散乱計で観測した海上の風向・風速（気象衛星センターHPより）

もっと知りたい！

衛星画像を使った予報作業

天気図作成画面（気象庁提供）
気象庁では天気図の作成はPCの画面上で、地上観測データに雲画像や数値予報データなどを重ねて前線の位置や低気圧の中心を手作業で解析しています。

予報作業室の大型ディスプレイ
日本の気象庁（左）とモンゴル気象庁（右）の予報作業室の写真。衛星画像は、世界各国で大型ディスプレイを利用して予報作業などに使われています。

積雲急発達プロダクト

　2.5分間隔や30秒間隔で、高頻度衛星画像が得られるようになったことから、可視画像では、雲域の大きさや雲頂の凹凸などの詳細な形状やその時間変化から、積乱雲上部縁辺のかなとこ巻雲と積乱雲との区別ができます。

　発生初期の積雲は、水の粒で構成されていますが、発達して次第に雲頂高度が高くなると、氷晶を伴うようになり、RGB合成画像を利用すれば、積雲が発達して雲頂に氷晶を伴うようになったかどうかの判断ができます。また、可視画像などの情報を加味した赤外画像により、雲頂温度（雲頂高度）の変化から雲域の発達の状況を24時間連続して把握することができます。

　これらを基に、積雲急発達プロダクトは、気象レーダーで雨粒を検知するよりも早く、急速に発達しつつある雲域を衛星画像から探知し、雷雨がくること

を早期に知ることができます。そして、発達傾向にあり発雷などの激しい現象をもたらす可能性がある積雲急発達域を緑、積乱雲が対流圏界面を突破するまで発達した積乱雲域を赤、中下層雲不明域を青色で表示しています［資料38］。（伊東譲司　p.74〜80）

［資料38］積雲急発達プロダクトで積乱雲の監視（気象衛星センターHPより）

あれ？　ひまわり9号ってとっくに打ち上ってたような……

お！　よく覚えてたね〜。気象衛星には、打ち上げ後に軌道に乗ってから、待機運用という期間があって、その後に前の衛星から引き継いで後継機となるのよ。9号は8号と同じスペックで、2022年から実際の観測が始まったの。

な〜る！　じゃあ、10号の打ち上げも近いんですか？

2028年に打ち上げが予定されてるの。10号には新しい観測センサー「赤外サウンダ」が搭載されて、線状降水帯や台風進路の予測精度の向上が期待されているんだよ。

Part
2

地球を駆け巡る風と水

水が豊富にあるってことは必ずどこかしらに雲が発生するってことだからねえ

あれは雲を取り除いたイメージ画像！

そっかー

さて！雲ができるためにはほかになにが必要だったかな？

出た!!クイズタイム!!

水が雲になるには空気が上昇して…上昇気流は低気圧で…

分かりました!!

気圧の変化！

正解！

85

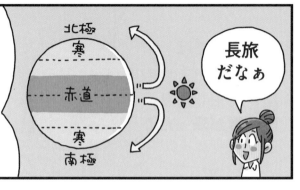

赤道付近で
暖められた
空気は上昇して
寒い北極や南極
に向かいます

長旅
だなぁ

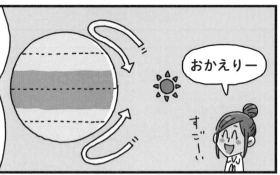

南北に移動した
空気は冷やされ
下降して
地表近くを通り
赤道へ戻ってきます

おかえりー

すごーい

そしてまた
暖められて
北極や南極へ

そうです

ただし、実際には
北極や南極まで
行くことは
ありません

えっ

南北に移動する
空気に 西から東へ
動く力が加わって
しまうからです

もしかして
それって…

ハッ

地球の大気の特徴

地球の周りには大気があり、私たちが日々影響を受ける天気は、
大気の変化による現れといえます。大気を理解することは
気象を学ぶ上で、とても大切なことといえるでしょう。

私たちが住んでいる地球は「水の惑星」

　私たちが住む地球は、「水の惑星」と呼ばれます。液体としての水が存在できるのは0℃から100℃の間です。太陽系の惑星の気温（惑星大気の上端での気温）は、太陽からの距離で決まりますが、実際の惑星の気温は、大気の中に含まれている「温室効果ガス」などの物質によって変わります。太陽からの距離だけで求めた地球大気の温度はマイナス19℃ですが、温室効果ガスのためにプラス14℃と、人間が過ごしやすい温度になっています。

　金星では太陽に近すぎて水があっても水蒸気になってしまいます。火星では太陽から遠すぎて水があったとしても氷でしょう。火星には昔は海があったことが確実視されていますが、現在はありません。地球は太陽との距離がちょうどよくて、氷、液体の水、水蒸気が共存できる気温でバランスしています。宇宙船で太平洋の真ん中の上空から地球を眺めると、海しか見えない箇所があり、地球が「水の惑星」と呼ばれる意味が実感できます［資料39］。

　さて、天気といえば、まず、風と雲と雨と雪でしょう。地球に水がなければ、天気は快晴しかありませんが、水が豊富に存在するために、風が吹くだけではなく、雨が降り、ときとして雪が降ります。ここからは、風はなぜ吹くか、雲はなぜできるか、雨はなぜ降るかなどについて詳しく見ていきましょう。

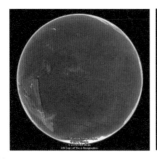 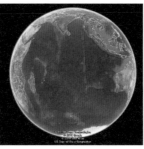

［資料39］地球の海の多い側面（Google Earthより）
左は太平洋を中心として見た地球、右はインド洋を中心として見た地球。

Data SIO, NOAA, U.S.Navy, NGA, GEBCO Landsat/Copernicus IBCAO

気圧とは何でしょう？

　私たちは普段のくらしの中で気圧を感じることはありませんが、体は常に「気圧」という圧力で周りから押しつけられています。気圧とは、私たちより上にある「空気の重さ」です。普段は気になりませんが、風が吹いてくると「重さ」があることを実感できます。風に向かって自転車を漕いだりすると、空気の重さを思い知ることができるでしょう。**1 m³（縦、横、高さが1mのサイコロ型の箱の体積）の空気の重さは約1kg**です。

　地上での気圧の平均的な値を「1気圧」と呼びます。気圧は「ヘクトパスカル（hPa）」という単位で測りますが、**1気圧は1013hPa**です。簡単にするため、1気圧を1000hPaとして、私たちを押しつけている圧力を計算してみます。

1 cm²当たり：1kg の圧力　　　　　　**1 m²当たり：10t の圧力**

　いわば、人間は地球大気の底で生きている「深海魚」のようなものです。すごい力で押し付けられているのに私たちが潰れないのは、呼吸などで体の中も同じ圧力になっていて、押される力と同じ力で押し返しているからです。急に深い海にもぐると具合が悪くなったり、深海魚を急に海面まで引き揚げるとパンパンに膨らんだりするのは、体の内外の圧力バランスが崩れるからです。

　気圧は「そこから上にある空気の重さ」ですから、山に登ると気圧が下がる理由はお分かりでしょう。1,000m級の山頂だと約900hPa、3,000m級だと約700hPaとなり、空気も薄くなります。地上で買ったスナック菓子の密閉袋を山に持って上がるとパンパンに膨らむのも、山の上では気圧が下がっているのに、密閉袋の中の空気の圧力が地上での気圧のままだからです。

　地球では、気圧は16km上昇すると10分の1の100hPaになり、その下に空気の9割があることになります。人間が生きていられるのは空気（酸素）があるからですが、その空気の厚さは、せいぜい20kmくらいしかないということです。このことは、宇宙船から見た地球の写真［資料40］からも分かります。水平方向に20km移動しても、景色が大して変わる訳ではありませんが、垂直方向の20kmはまったく別世界です。

[資料40] 国際宇宙ステーションから見た地球（アメリカ航空宇宙局〈NASA〉Image and Video Library より）
雲があるのは地表から十数kmまでで、その上の青く見える空気の層が非常に薄いことがよく分かる。

☴ 風はどうして吹くのでしょう？

　地上での気圧は、そこから上にある空気の重さでした（→p.91）。気圧は同じ場所であっても、時間とともに変化します。テレビや新聞で目にする「天気図」では、日本地図の上に気圧が等しい場所を「等圧線」で結んであり、気圧が低い場所（低気圧）の中心に「L」（Low pressure）、気圧が高い場所（高気圧）の中心に「H」（High pressure）と書かれています［資料41］。

　風が吹くのは場所によって気圧に差があるからです。気圧の高い方から低い方に向かって空気を押す力が働き、空気が

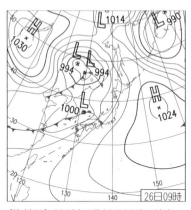

［資料41］2022年4月26日09時の地上天気図（気象庁HPより）

その方向に動きます。この空気の動きが「風」です。低気圧中心では、気圧が低いために中心に向かって風が吹き込み、逆に、高気圧中心では、中心から外向きに風が吹き出します［資料42］。

　この結果、低気圧中心では周りから空気が集まってきて、行き場を失った空気は上昇します。逆に、高気圧中心では空気が外に向かって吹き出して、それを補うために空気が下降します。したがって低気圧中心では上昇気流、高気圧中心では下降気流となり、［資料43］に示したような鉛直面内の循環ができるのです。上昇気流域では雲ができ（→p.93）、下降気流域では雲が消えるため、低気圧は悪天に、高気圧は好天になりやすいのです。地球が自転しているために実際は少し違いますが、風が吹く本質的な仕組みは、ここで説明したとおりです。

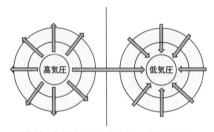

［資料42］地表面での低気圧、高気圧周辺の水平風の状況

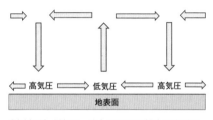

［資料43］低気圧、高気圧周辺の鉛直面内循環

雲はどうしてできるのでしょう？

　毎日空を見ていると、「雲1つない青空」というのはむしろ稀で、いろいろな形の雲が浮かんでいます。では、雲はどのようにしてできるのでしょうか。

　雲は水でできているということは、みなさん知っていますね。水（H$_2$O）は、固体のときは「氷」、液体のときは「（液体の）水」、気体のときは「水蒸気」と呼びます。水蒸気は見えません。沸騰したヤカンの口から出る白い「湯気」は液体の小さな水滴です。雲は、湯気と同じで、気体の蒸気ではなく液体の小さな水滴が集まったものです。

　空気中には量の違いはあっても、いつも水蒸気が含まれています。空気中に含まれる水蒸気の量には上限（飽和水蒸気量）があり、その値は気温で決まっています。［資料44］は気温と飽和水蒸気量（ここでは飽和水蒸気圧という量で示してあります）の関係を示したものです。気温が高いほど、含まれる水蒸気量は大きくなります。

　空気が上昇すると気温が下がってきて、飽和水蒸気量が減少します。もともと空気に含まれていた水蒸気の量が、その温度の飽和水蒸気量を超えると、超えた分だけの水蒸気が水に変わります。このとき、清浄な空気中では、水の表面張力が邪魔をして、飽和水蒸気量を超えても水滴になりにくいのですが、空気中に浮いている火山灰や砂塵、海塩の結晶などの非常に小さな「エーロゾル（エアロゾル）」と呼ばれる微粒子を核にして、雲粒（水滴）が形成されます。このときの雲粒の大きさは100分の1㎜〜10分の1㎜程度です。さらに、雲粒が上昇して気温が下がると、凍結して氷晶（氷の粒）に変わります。雲は、この雲粒と氷晶からできています。

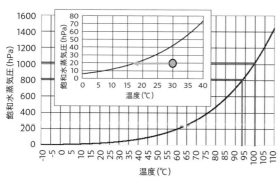

［資料44］飽和水蒸気圧

赤線…飽和水蒸気圧が1気圧（1013 hPa）の温度は100℃なので、平地では100℃で水が沸騰する。

青線…飽和水蒸気圧が800hPaの温度は93℃なので、山では低い温度で沸騰する。このため、炊飯などは加圧式飯盒などで行うと良い。

埋め込み図（0〜40℃の部分の拡大）…緑矢印で示すように、例えば、30℃で水蒸気量20hPaの空気では17.5℃まで冷えると飽和して雲ができる。

☁ 雨はどうして降ってくるのでしょう？

雲粒1,000個で雨粒１個

　空気がなければ、地球上の物体は加速しながら落ちていきます。小さいとはいえ、雲粒も加速しながら落ちますが、空気があるので空気抵抗を受けて、しばらくすると一定速度で落ちるようになります。このスピードを「終端速度」といいます。終端速度は、物体の直径が0.01㎜だと約３㎜/s、0.1㎜だと約30cm/s、１㎜になると約４m/sです。小さな雲粒では、弱い上昇気流があると吹き上げられて簡単には落ちてきません。雨として地上まで落ちるには１㎜程度の大きさまで成長する必要があります。直径0.1㎜の雲粒と直径１㎜の雨粒では、直径が10倍なので、体積は1,000倍です。雲粒が1,000個集まって、ようやく雨粒１個となるのです。

併合過程と凝結過程

　雲粒が大きくなるには、２つの道筋があります。

　１つは「併合過程」です。雲の中には、いろいろな大きさの雲粒が混在していて、大きな雲粒は小さなものよりも速いスピードで落ちていきます。つまり、［資料45］の左側のイメージで、上空にある大きな雲粒は、落ちながら下にいる小さな雲粒に追いつき、どんどん併合して大きくなるのです。雲粒が大きくなってくると、雲粒の周囲に雲粒をすり抜ける空気の流れができます。このため、小さな雲粒は上から来た大きな雲粒の横をすり抜けてしまい、単純な計算通りには併合が進みません。

　もう１つは「凝結過程」です。水滴の周りの水蒸気が「凝結」して水滴に取り込まれ、水滴が大きくなります。［資料44］（→p.93）の

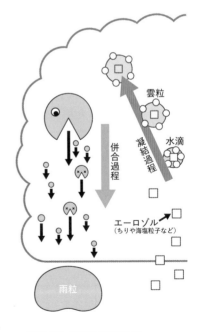

[資料45] 併合過程の概念図

飽和水蒸気圧の図で、温度が氷
点下の部分を拡大したものが
[資料46] です。水の表面に対
する場合と氷の表面に対する場
合で差があり、氷の方が水より
も小さな値となっています。水
滴と氷の結晶（氷晶）が同居し
ていると、水に対してはまだ未
飽和なので水滴は蒸発しますが、

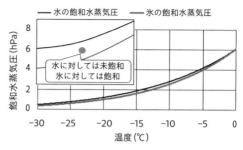

[資料46] 氷点下における水と氷に対する飽和水蒸気圧
埋め込み図は部分拡大した概念図。

氷に対しては飽和しているので、水蒸気が氷に「凝華（気体から液体を経ずに
固体になること）」して氷が大きくなるのです。結果として、氷晶が周りの水滴
を取り込んで大きくなります。0℃以下で氷晶と水滴が共存している中緯度の
雲の中では、このようにして効率的に氷晶が成長します。上空の氷晶は、その
まま地上に降ってくると雪になり、地上に届く前にとけると雨になります。高
層ビルでの最上階では雪なのに、1階では雨ということもよくあります。

冷たい雨と暖かい雨

　熱帯地方の雨のように、主に併合過程で降ってくる雨を「暖かい雨」、氷晶
が関係する雨を「冷たい雨」と呼びます。濡れたら暖かいとか、冷たいとかは
関係ありません。日本の上空は真夏でも氷点下ですから、日本で降る雨は大体
が「冷たい雨」です。

豆知識

雪は天からの手紙

雪の結晶というと、6方向に枝が伸びた
「雪印マーク」を思い浮かべる人が多い
と思いますが、もう少し注意して降って
くる雪の形を観察すると、決してそんな
に単純なものではないことに気付くでし
ょう。
人工的に雪の結晶をつくり、どのような
気温や湿度のときにどのような雪の結晶
ができるかを丹念に調べたのは北海道大
学の小林禎作博士（1925-1987）でした。

温度と湿度により、樹枝状、扇形、角板、
針状、角柱など様々な形の雪の結晶にな
ることを示しました。
小林博士の指導教官の中谷宇吉郎博士
（1900-1962）は、雪の研究者であった
とともに多くの随筆を残しました。中谷
博士の有名な言葉に「雪は天から送られ
てきた手紙である」があります。地上に
落ちてきた雪の結晶形を見れば、その雪
がつくられた上空の温度や湿度が分かる
という意味で、雪の研究を一生の仕事に
した人ならではの素敵な言葉です。

（大西晴夫　p.90〜95）

地球大気の鉛直構造

地球を包む大気は、地表から離れていくごとに、気圧や温度などの状況が
変化します。気象との関わりが深いので基礎を知っておきましょう。
なお、ここでの数値は、「国際標準大気」の値を用いています。

3,000m級の山頂では平地より20℃気温が低い

　高い山の上では気温が低いことは周知の事実です。気温が下がる割合は、平
均的に1,000m当たり6.5℃程度で、3,000m級の山頂では平地より20℃ほど
気温が低くなります。

　今、手元に伸縮自在の風船があったとします。風船の中の空気は外の空気と
混ざり合うことはありません。また、風船の素材は断熱性が非常によく、外の
空気と熱のやりとりはしないものとします。この風船を上空に持ち上げていく
とどうなるでしょうか。前に（→p.91）、上空にいくほど気圧が低くなること
を説明しました。手元にあったとき、風船の中の圧力は周りの気圧と釣り合っ
ていましたから、持ち上げられて周囲の気圧が下がると、風船の中の空気の圧
力の方が高くなり、風船が膨張します。

　ここからはちょっと物理学の話になります。風船が膨張するときには、風船
の中の空気が周りの空気を押しのけるという「仕事」をします。この膨張する
仕事に必要なエネルギーは、風船の中の空気が自分の温度を下げることで賄い
ます。「温度」も仕事に変換できるエネルギーの一形態なのです。このような
変化を「断熱膨張」といいます。理論計算によると、断熱膨張で気温が下がる
割合は、1,000m当たり9.8℃です。実際の気温の下がり方は、1,000m当た
り6.5℃と緩やかで、これは上下の空気が対流現象などを通して混ざり合って、
気温の下がり方を緩和しているからです。

もっと上空では気温が上がり出す

　昔の人はこの調子で上空ほど気温が低くなると考えていたようですが、現在
知られている地球大気の気温分布は［資料47］に示したように少し複雑で、
気温の変化傾向に基づいて4層に区分されます。

●**対流圏**…地表面から高度11kmまでの最下層で、高さとともに気温が下がります。入道雲などの背の高い雲でも、上にある気温がほぼ一定の安定成層で頭を抑えられ、雲があるのは一部の例外を除いて対流圏の中だけに限られます。

●**成層圏**…高度11〜20kmはほぼ一定温度となり、そこから高度約50kmまで高さとともに気温が上昇します。上層ほど気温が高く、対流運動が起きにくい「安

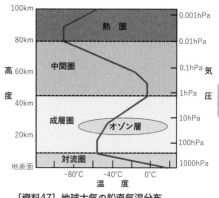

[資料47] 地球大気の鉛直気温分布
（国際標準大気）

定成層」になっているため、この名称が付けられました。実際には成層圏にも様々な波動現象があり、決して「静かな」世界ではないようです。

●**中間圏**…高度約50〜約85kmの区間で、高度とともに気温が下がります。地表から中間圏までは、大気を構成する気体の比率がほぼ一定で、空気がよく混合されています。

●**熱圏**…高度約85km以上は、高度とともに気温が上がります。ここまでくると空気は非常に希薄で、温度計で測ることのできる温度ではなく、気体分子が動き回っている速さで定義される温度です。

有害な紫外線から生物を守る「オゾン層」

成層圏で高度とともに気温が上昇するのは、オゾン（O_3）が太陽の紫外線で分解されるときに紫外線を吸収するためです。酸素分子（O_2）に紫外線が当たると酸素原子（O）2個に「光解離」されます。この酸素原子と酸素分子が結合することでオゾンが形成されます。できたオゾンは紫外線で分解され、酸素分子に戻ります。材料となる酸素分子は高度が低いほど多く、紫外線は上空ほど強いため、この2つの効果の兼ね合いでオゾン濃度が最大になる高度が決まります。その結果、高度25km辺りにオゾン濃度が高い「オゾン層」が形成されています。成層圏のオゾンが生物に有害な紫外線を吸収してくれるため、陸上生物は安全に生活できます。生物進化の過程で光合成する生物が生まれ、これが酸素を放出してオゾン層ができ、紫外線量が減り、海中でしか生息できなかった生物が陸上に進出しました。なお、人間が作ったフロンなどの物質がオゾンを破壊してオゾン層に穴が開いた（オゾンホール）ことがありましたが、フロン類の規制が行われ、最近ではオゾン層の状態はほぼ安定しています。

（大西晴夫　p.96〜97）

Part 2

気候を分ける大気の大循環

これまで地球大気の高さ方向の構造を見てきました。
ここからは、地球全体を吹き巡る風の様子と、
その風がもたらす気候分布について見ていきましょう。

🌀 ハドレー循環と亜熱帯高気圧

ハドレーが提案した地球を巡る風

世界中から気象観測データが集まるように
なった18世紀に、ジョージ・ハドレー（→p.37）
が地球上の大きな空気の流れについての考察
を行いました。単純に考えると、低緯度地方
は太陽日射が多いために高温で、両極地方は
太陽が昇らない時期があるくらいですから低
温です。すると、熱帯域で暖められた空気は
上昇し、両極で冷やされた空気は下降するは
ずです。赤道で上昇、両極で下降の流れをつ
なぐと、［資料48］のような赤道で上昇し、

［資料48］ハドレー循環の模式図
（E.N.Lorenz, 1967より）

上空では両極に向かう流れとなり、両極で周りから集まってきた空気が下降し
て地表面に沿って赤道に向かうという、ひとつながりの循環が生じます。これ
を「ハドレー循環」と呼びます。当時、北半球の熱帯域では北東貿易風、南半
球の熱帯域では南東貿易風という定常的な風が吹いていることが知られるよう
になっていましたから、ハドレーの考えはこのことをうまく説明できるもので
した。

地球の自転が空気の流れの様子を根本的に変える

一方、現在理解されている地球全体の空気の流れ（風系）は［資料49］に示
すようなもので、ハドレーの考えに比べて複雑です。複雑になっている主な原

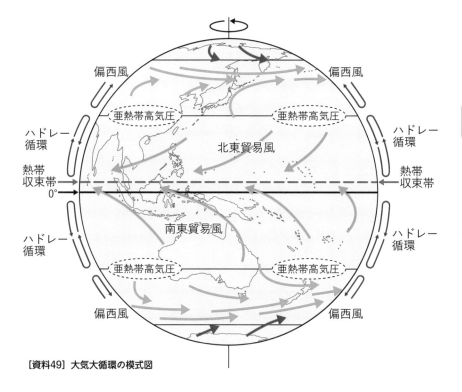

[資料49] 大気大循環の模式図

因は、地球が自転しているためです。地球が自転していることで地球を巡る風は、地球の自転を考慮しない場合と比べて、根本的に違った構造になります。

　話を単純にするために、ここからは北半球に限った話としますが、南半球でも基本的には同じです。まず、熱帯域で暖められた空気が上昇し、熱帯域の上空では北極に向かう流れとなるというところはハドレーのものと同じです。後で詳しく説明しますが（→p.118）、地球上で動くものは地球の自転のために、進む向きを右（南半球では左）へずらす力を受けます。したがって、北極に向かおうとした南風は、どんどんとその向きが東向きにずれていきます。そしてある緯度まで行くと西風になってしまい、それ以上は北に進めなくなります。この緯度は地球の自転速度に関係し、自転速度が速いほど南になります。

　現在の地球の自転速度の場合には、北緯25°から30°付近の「亜熱帯」が限界で、それより高緯度へは行けなくなります。それ以上高緯度へ行けなくなった空気はそこで下降気流となり、地表まで降りると地表面に沿う赤道に向かう流れとなり、最初に出発した場所に帰っていきます。この地上風が「北東貿易風」です。本来は北風なのですが、地球の自転の影響で風向が右（西向き）にずれて北東風になります。

亜熱帯高気圧と熱帯収束帯

　亜熱帯で下降気流が地表面とぶつかる所は高気圧となります。この高気圧を「亜熱帯高気圧」と呼び、定常的に晴天が多く、雨が少ない領域です。日本付近では、「太平洋高気圧」がこの亜熱帯高気圧に当たります。南北両半球で赤道方向に向かう気流（貿易風）は赤道付近で収束して、そこで上昇気流となります。赤道付近で両半球からの気流が集まる場所は、「熱帯収束帯」（Inter Tropical Convergence Zone：ITCZ）と呼ばれます。熱帯収束帯は赤道の近くで、東西方向に伸びる雲が多い領域です。雨が降り続く訳ではありませんが、晴れていても急な「スコール」に見舞われるような地域です。ここで示した赤道から亜熱帯に至る領域での大気の循環は、もともとのハドレー循環よりは狭い範囲の循環ですが、ハドレーの考えと同じ原因で生じる循環であるため、「ハドレー循環」の名前で呼ばれています。

　亜熱帯高気圧から北の領域は、上空では西風が吹く「偏西風帯」です。日本はここに入ります。偏西風帯では上空のジェット気流の変動につれて地上の天気も周期的に変化します。偏西風帯より北の北極周辺地域では、寒気の吹き出しが強まる期間と、寒気が蓄積される期間が交互に繰り返されます。

もっと知りたい！

地球の衛星画像で確認しよう

左の画像のうち、本文で紹介した内容に印を付けたのが右の図です。青：熱帯収束帯、白：亜熱帯高気圧、赤：偏西風帯の低気圧、緑：皆既日食の月の影、黄色：海面で反射した太陽（Sun glint）になっています。高気圧の部分は雲がなく、低気圧の部分は雲が多いなど、比較して確認できます。

 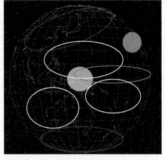

［資料50］2016年3月9日12時の気象衛星ひまわりの画像と解説
（左画像：気象庁HPより、右：筆者作成）

ジェット気流の波動と移動性高・低気圧

蛇行しながら地球を1回りするジェット気流

　p.44で日本の上空に吹いている西風と、その中でも特に風が強い「ジェット気流」の発見のことを紹介しました。ジェット気流は日本付近だけでなく、地球を1回りして吹いています。［資料51］は2022年5月15日21時の上空500hPa（約5,500m）付近における北半球の気圧配置図で、北極付近が低気圧、低緯度が高気圧となっています。このような高さの風は、等圧線とほぼ平行に吹く特徴があります。中緯度にある等圧線が混み合っているところがジェット気流の場所で、図にはジェット気流を矢印が付いた曲線で示してあります。ジェット気流は蛇行して流れており、何本かの気圧の谷（━━）と気圧の尾根（━ ━ ━）が見られます。

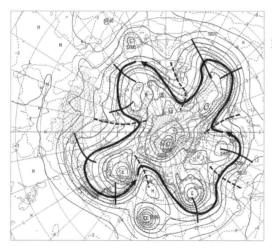

［資料51］2022年5月15日21時の北半球500hPa天気図（気象庁資料に加筆）
オレンジの部分が日本列島

　ジェット気流が吹いている場所の地上では、極側の寒気と熱帯側の暖気が境を接する場所となっていて、南北方向の温度変化率が最も大きい「前線帯」です。前線帯と低気圧の関係に着目した研究が20世紀初頭にノルウェー学派により提唱され、その後、ジュール・チャーニー（Jule Charney/1917–1981）の1947年の論文などで、前線帯の実態が明らかにされました。それによると、温帯低気圧は南北に寒気・暖気が接する場所で発生・発達し、そのエネルギー源は暖気の上昇と寒気の下降の際に生じる「位置エネルギー」から「運動エネ

ルギー」への変換であり、波長が3,000km程度の波動現象として最も現れやすいということです。ここでいう波長とは、高気圧、低気圧、高気圧が東西に並ぶのですが、隣り合う高気圧と高気圧、あるいは低気圧と低気圧の東西方向の間隔のことです。

p.101で上空の気圧の谷と地上の温帯低気圧が、上空の気圧の尾根と地上の移動性高気圧が対応していることを紹介しましたが、少し具体的に見てみます。

上空の気圧の尾根・谷と、地上の高・低気圧が同期して動く

［資料52］には2021年10月9日から11日まで3日間の上空5,500m付近（500hPa）と地上の気圧配置がどのように変化したかを、毎日午前9時の天気図で示しました。10月9日には、上空では日本の少し東に気圧の谷があり、これに対応して地上ではカムチャツカ半島の南に低気圧があります。また、朝鮮半島の北に上空の気圧の尾根があり、地上では日本海から北海道の南にかけての領域に高気圧があります。さらに、中国大陸の東経105°付近に上空の気圧の谷があり、これに対応して、地上では東経115°付近に低気圧があります。つまり、上空の気圧の谷の東（進行方向の前面といいます）に低気圧が、気圧の尾根の前面に高気圧が対応しているのです。10月10日、11日と上空の気圧の谷、尾根の動きを追っていくと、それぞれが1日に15°から20°、東に移動してい

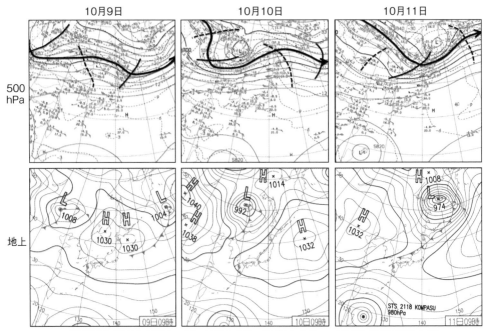

［資料52］2021年10月9・10・11日各9時の500hPaと地上の天気図（気象庁HPより）

くことが分かります。これに対応して地上の低気圧、高気圧も同様の動きをします。

　地上の天気は、例えば、冬の北西季節風のときには、太平洋側では雲ひとつない晴天ですが、日本海側では雪が降り続くというように、山の風上側と風下側ではまったく天気が違うなど、地形の影響を大きく受けます。それに比べると上層の波動の移動は比較的単純で、特に大気の真ん中である500hPa（地上の気圧が約1000hPaのため）は、気圧の谷や尾根の中心が単純にその場所の風で流されるという性質があり、昔から天気予報の基準面とされてきました。地上の気圧配置は、上層の状況の結果として現れています。地上が原因ではなく、上層の結果として地上があるのです。上層を理解して、そこから地上を考えるというのが予報官の思考方法です。

　最近では、スーパーコンピュータを用いて、地上から上層までのすべての状況を同時に計算するので、上層から地上を考えるのではなく、いきなり地上天気図だけを使って天気予報を行うことも可能となってきました。

「大気の大循環」なんて、大げさなタイトルだなぁって思ってたけど、教えてもらうと、確かに大きな循環があって、気象に多大なる影響を及ぼしているのだな、ウム！

ふふ。キミも分かったかね！　なんてね。ところで、ハドレーってこの前にも登場して気象学ではとても有名な人なんだけど、はじめはイギリスで法学を学んでいたのよ。

えっ！　弁護士さん？！

オックスフォード卒業後に法律事務所を開いたんだけど、王立学会の学者たちと交流する中で、気象にも興味を持って、沼にはまったらしいの、ふふふ。

気象の魅力って深いのね。いろんな人を魅了するのか…。

さあ、まだ大気の大循環の話は続くよ。今度は温帯低気圧に注目！　Part1の雲の種類についても思い出してね。

温帯低気圧の構造

　毎日の生活で、まとまった雨をもたらす原因は、台風を除けば温帯低気圧によるものがほとんどです。温帯低気圧がどのような構造をしているかを見てみましょう。[資料53] は最盛期の温帯低気圧の概念図です。左は平面図で、黒矢印で示した風向から分かるように、風は低気圧中心の回りを反時計方向に回転しながら中心に向かって吹き込んでいます。また、右は左の平面図の破線に沿った鉛直断面図です。

[資料53] 最盛期の温帯低気圧の概念図（北半球の場合）

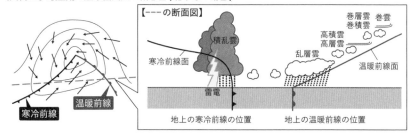

　低気圧の北側には寒気が、南側には暖気があって、「前線」がその境目になっています。低気圧は上空の偏西風に流されて東に向かって進みます。低気圧中心の前面（東側）では南の暖気が北の寒気を押す状態になっていて、その地上での境界が「温暖前線」です。軽い暖気は重い寒気の上に乗り上げて上昇します。温暖前線での上の暖気と下の寒気の境目である「前線面」の傾きは緩やかで、300分の１程度の傾き（300進むと１上がる）です。温帯低気圧が近づいてくると、まず高い所に巻雲、続いて巻層雲、巻積雲が現れ、低気圧の接近とともに雲がだんだんと低く、厚くなり、高積雲、高層雲、乱層雲となって、雨がしとしとと降り始めます。

　低気圧中心の後面（西側）では、北の寒気が南の暖気の下にもぐり込む状態になっていて、その地上での境界が「寒冷前線」です。寒冷前線面の傾きは温暖前線面より急で、100分の１程度です。寒気が強引に暖気を押し上げるために急激な天気変化を引き起こし、積乱雲による短時間強雨、雷、ひょう、竜巻などの突風を伴っていることも多く、注意が必要です。温暖前線の前面の降水域が広い範囲にわたるのに比べて、寒冷前線に伴う降水域の幅は狭くなっています。また、温帯低気圧の中心の南側の暖気領域では、急な大雨が降ったりするので注意が必要です。

日本の梅雨とチベット高原

　日本では毎年「梅雨」があることは当然のことです。しかし、1カ月以上も悪天が継続するのは、世界的に見ると珍しい現象です。実は、この梅雨の原因は日本のはるか西に位置するチベット高原にあります。

　前に出てきたジェット気流は、正確には2種類あります。亜熱帯と偏西風帯の境界にある「亜熱帯ジェット」と、偏西風帯と極域の境目に吹いている「寒帯前線ジェット」で、梅雨に関係するのは亜熱帯ジェットの方です。上空の亜熱帯ジェットと地上の「梅雨前線」が対応しています。

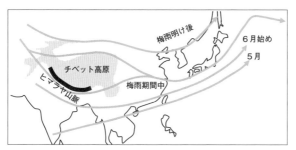

[資料54] 上空のジェット気流のチベット高原による変化と日本の梅雨

➡ 亜熱帯ジェット気流の通り道

　上の［資料54］に示したように、冬の間に北緯20°付近まで南下していた亜熱帯ジェットは、春めいてくると徐々に北上し、沖縄付近までは順調に北上して、インド付近ではチベット高原の南麓まで北上してきます。チベット高原は5,000m級の広大な高原地帯で、その南縁には世界の最高峰であるヒマラヤ山脈（8,849m）がそびえています。亜熱帯ジェット気流は数千mの上空を通っていますが、後ろから押してくれるものがなければ、なるべく山登りはしたくないようで、一部はチベット高原で分流して北側を通ってチベット高原の風下で本流と合流します。その後、本流は1カ月ほどその辺でぐずぐずした後、南の暖気の勢いが本格的に増加したのに合わせて一気にチベット高原の北側までジェットの流路がジャンプするため、日本付近に停滞していた梅雨前線も一気に北上して「梅雨明け」となります。梅雨入りはあまり明瞭ではありませんが、梅雨明けは比較的明瞭です。

　最近はコンピュータを用いた数値シミュレーションが盛んで、実際には実験できないような条件の下での計算を行い、その効果を評価することが広く行われています。試しに、チベット高原を削った数値シミュレーションを行うと、梅雨前線は停滞することなく、順調に北上していき、梅雨は現れないそうです。

（大西晴夫　p.98〜105）

参考文献
Lorenz, E.N., 1967：The Nature and Theory of the General Circulation of the Atmosphere, WMO No.218, TP, 115

季節風（モンスーン）

季節風とは、季節によって特有な風向を持つ風系のことで、
モンスーンともいいます。一般には数千km程度以上の空間的な
広がりをもったものをいい、半年周期でほぼ反対方向に吹きます。

　季節風が吹くメカニズムは海と陸との気温差・気圧差に加え、地球の自転の
影響を受けています。つまり、夏は日射が強いため、日本の西側にある大陸の
地表が暖められ、海面よりも気温が高くなります。大陸上の暖かい空気は上昇
し、東側や南側にある海洋の空気が大陸へと流れ込んで、南東〜南西向きの風
が吹きます。逆に、冬は大陸の方が冷えるため、暖かい海洋に向かって大陸の
空気が流れ込んで北〜北西向きの風が吹きます。実際に吹く風は、期間中同じ
風向ではなく、暖まり方や冷え方の相違のほかに、大循環の風や地形、上空の
気流などが関わり複雑な風になります［資料55］。

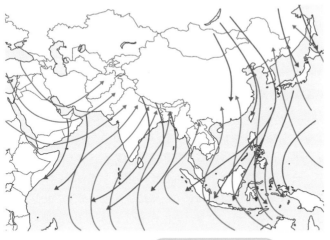

[資料55]
アジアへ吹き込む
季節風のイメージ
赤矢印：夏の季節風
青矢印：冬の季節風

モンスーンの語源

　代表的なモンスーン地帯は、アフリカ東部からインドを経て東南アジア、中
国南部付近まで広がっています。夏は南の海側から北の大陸側に向かって風が
吹き、冬は大陸側から海側に向かって風が吹くモンスーンは、インダス川流域
とメソポタミア文化の結びつきに大きな役割を果たし、アラビア海の航海にも

利用されていたと考えられており、アラビア語で季節を意味するマウシム（mausim）が語源といわれています。モンスーンは、その後の帆船を使った大航海時代にも航海に利用されてきました。

アジアでのモンスーン

なお、インドなどでは「空の水門が開いたり、閉まったり」といわれるほど、雨季（概ね6月から9月）と乾季（おおむね11月から5月）であまりにも劇的に雨の降り方が変わるため、モンスーンが風のことではなく、雨自体や雨季を指す地域もあります。南アジアや東南アジアの住民にとっては生活や農作業にも関わるため関心が強く、日常会話で「モンスーンがきた」とは「雨が降ってきた」という意味になる場合が多いそうです。

日本での季節風

日本付近で季節風というと、一般には冬にユーラシア大陸から日本海をわたって日本列島に向かって吹く北または北西の風、夏には太平洋から日本列島を通ってユーラシア大陸に向かって吹く南東または南西の風のことをいいます。冬と夏の代表的な気圧配置図で説明します。

●西高東低の冬型気圧配置

冬には西高東低の気圧配置が現れます［資料56］。「西高」とはユーラシア大陸にシベリア高気圧があることをさし、日々の天気図でも定常的に存在します。シベリア高気圧は北海道から沖縄付近まで張り出し、この高気圧から北西の季節風が吹き出して、寒波をもたらします。一方、「東低」とは日本の東海上から千島列島・オホーツク海方面に発達した低気圧があることを指します。これらのため日本付近は等圧線の間隔が混み、北西からの強い風

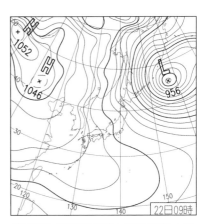

［資料56］冬型気圧配置図（気象庁HPより）
（2022年2月22日09時　地上天気図）

が吹くのです。そして、大陸からの乾いた風が日本海を通過する際に海から水蒸気を吸い上げ、湿った風になって「雪雲」を発生させます。このように冬型の気圧配置が強いと、雪雲は山沿いや山間部で発達して、日本海沿岸に大雪を

もたらします。さらに上空の寒気が強いと日本海側の平地でも大雪になります。この季節風は日本海側の地方に雪を降らせた後、山脈を越えて関東地方など太平洋側へ吹き下りてくることで、「空っ風」と呼ばれる冷たく乾いた風が吹きます。

●南高北低の夏型気圧配置

　夏の典型的な気圧配置は南高北低型といわれ［資料57］、日本付近から見て南が高く北が低い気圧配置を指します。盛夏期には太平洋高気圧の西端が南から日本列島に張り出して、「クジラの尾」型と呼ばれるような典型的な気圧配置が現れ、この高気圧に覆われると、全国的に晴れて気温が高くなります。「北低」は北日本やさらに北の樺太付近に温帯低気圧があり、低圧場になっています。太平洋高気圧の張り出しが弱い年には、前線の位置が南に下がって西日本を中心に大雨となりやすい不順な夏となります。

　また、年によっては、夏でもオホーツク海に高気圧が現れ、北日本太平洋側を中心に冷たく湿った北東よりの風の影響で、曇りの日が多く気温が低くなることがあり、このようなときには、冷害の広がりが心配されます。

（岩下剛己　p.106〜108）

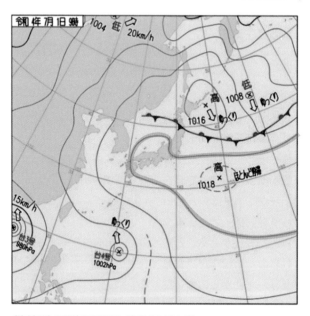

［資料57］夏型気圧配置図（気象庁HPより）
2022年7月1日09時の地上天気図。クジラの尾型（青太線）
の気圧配置が見られる。

Part 2

私たちに身近な風

地球の自転や公転などの大きな風の流れと違い、
地域の地形や海との関係によって起きる風があります。
ここでは、そんな身近な風について見ていきましょう。

海陸風

　海陸風とは、陸地と海の比熱（温まりにくさと冷めにくさ）の差によって吹く
風です。陸地に比べて海の方が温まりにくく冷めにくいのです。例えば、
2022年1月下旬の房総半島沖の海面水温は約16℃で、7月下旬では25℃なの
で、夏と冬の海面水温の差は9℃です。海は年間を通じた水温変化が小さいだ
けでなく、1日の中での変化はもっと小さく、昼夜の差は1℃に達しないほど
です。それに対して陸地の方は、夏の強烈な日差しで加熱されたアスファルト
は40℃以上にもなり、冬の冷え込みでは氷点下になることがあります。

●海風の仕組み

　昼間は太陽の日差しによって陸地・海ともに温められますが、海面水温の変
化が小さいのに対して、陸地の地面の温度は変化が大きく、すぐに高くなりま
す。地面の温度が高くなると、その上にある空気の温度も高くなります。空気
は温度が上がると膨張するため、空気の密度は小さくなり地面付近の気圧が低

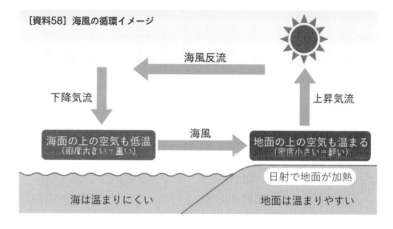

[資料58] 海風の循環イメージ

海風反流

下降気流　　　　　　　　　　　　　　上昇気流

海面の上の空気も低温
（密度大きい＝重い）　　　海風　　　地面の上の空気も温まる
（密度小さい＝軽い）

日射で地面が加熱

海は温まりにくい　　　　　地面は温まりやすい

くなると同時に、軽くなった陸地の地面付近の空気は上昇していきます。

　一方、海ではすぐ上の空気も陸地に比べて温度が低いため、相対的に空気の密度が大きくなり、気圧が高くなります。風は気圧が高い方から低い方へ吹くため、海から陸へと風が吹き、これが海風（かいふう）になります。

　さらに［資料58］のように、陸地では上昇気流が発生し、海面付近では下降気流が発生します。上空では、陸地から海へ空気が流れる「海風反流」となり、大きく1周する風の流れが生まれます。これを「海風循環」と呼びます。

●陸風の仕組み

　夜になって太陽が沈むと、今度は陸地の地面の温度が下がっていくのに対して、海面水温はほとんど下がらないため、相対的に陸地の地面の上の空気の気圧が高くなることによって、陸から海に向かう風が生じます。これが陸風（りくふう）です。陸風の場合も上昇した空気は海から陸に向かう「陸風反流」が発生し、1周する大きな風の流れができます。これを「陸風循環」といいます［資料59］。

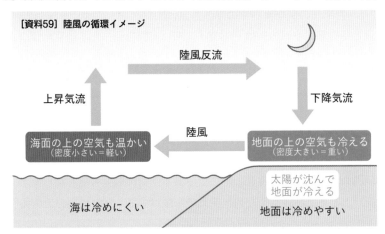

[資料59] 陸風の循環イメージ

陸風反流

上昇気流　　　　　　　　　下降気流

陸風

海面の上の空気も温かい（密度小さい＝軽い）　　　地面の上の空気も冷える（密度大きい＝重い）

太陽が沈んで地面が冷える

海は冷めにくい　　　　　　　地面は冷めやすい

　このような海風と陸風をまとめて「海陸風」と呼んでいます。また、昼間の海風と夜間の陸風が入れ替わる間の時間帯に、風がほとんど吹かない時間帯が発生します。これは「凪（なぎ）」と呼ばれ、朝夕の2回をそれぞれ朝凪、夕凪といいます。

海風前線

　相対的に冷たい海風が陸地に侵入したときに、海風の先端で温かい陸上の空気との間で気温の差が大きい線状のエリアができます。これが海風前線（かいふうぜんせん）です［資料60］。よく似た言葉に沿岸前線がありますが、これは陸地に放射冷却などで

冷やされた低温の空気があったときに、相対的に暖かい海からの風との間で形成される前線なので、海風前線とはまったくの別ものです。

　海風前線は時間とともに沿岸部から内陸部に侵入していきます。海風前線が通過する時には、にわか雨が降り、突風が吹いて、気温が急低下します。海風前線は密度が大きく冷たい海風が、密度が小さく温かい陸上の空気に侵入するので、密度差がある2つの気体の間で生じる重力流の一種です。重力流の先端では空気の流れが乱れて、突風が発生します。これをガストフロント（突風前線）といいます。したがって、海風前線でも突風がよく発生します。

[資料60] 海風前線ができる仕組み

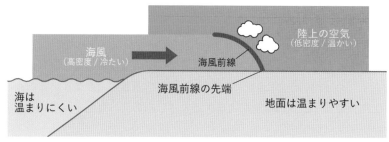

陸上の空気（低密度／温かい）

海風（高密度／冷たい）

海風前線

海風前線の先端

海は温まりにくい

地面は温まりやすい

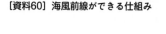 山谷風

　山谷風（さんこくふう）は、広義では富士山のようなほとんど谷がない山も含めて、山の斜面を上昇・下降する風を表し、狭義では文字通り、谷と山の間を上昇・下降する風を表しています。

　昼間、太陽が照り付けた山の斜面では、同じ高さにある空気よりも温まりやすく、その上の空気も山の斜面から熱をもらって温まります。温まることで膨張して軽くなった空気は、斜面に沿って上昇していき、山の麓（ふもと）から頂上に向かう風が生じます。これが広義の「谷風」です。夏山で昼頃に下の方から雲が湧いてくる現象は、谷風を雲によって可視化して見ているのです［資料61］。

　山の麓の上の空気は、同じ高さの山の斜面の上の空気より気温が低く、相対的に密度が大きい（重い）ため、下降気流が生じます。そして上空では山から麓に向かう空気の流れ（反流）ができて、循環（谷風循環）します。

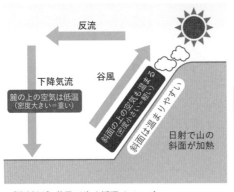

[資料61] 谷風が吹く循環イメージ

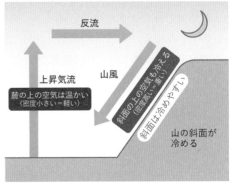

[資料62] 山風が吹く循環イメージ

夜になって太陽が沈むと、山の斜面の上の空気の方が麓の上の空気よりも早く冷えるため、山の斜面に沿って下降する空気の流れができます。これが広義の「山風」です。山風の場合も循環する大きな風の流れが生じ、これを山風循環といいます［資料62］。

狭義では、山谷風は谷と山の斜面の間を上昇（昼間）・下降（夜間）する空気の流れを表しています。その原理は、広義の原理での山の麓を谷に置き換えただけです。ただし、狭義の山谷風は山岳の地形によっては複雑な風の流れが生じることがあります。

熱的低気圧（ヒートロウ）

夏の暑い日には、海風と谷風がつながったような巨大な循環がよく発生します。中部山岳を含む本州中央の内陸部と、日本海や太平洋などの海洋との比熱の差によって、本州中央の内陸部では局地的な低気圧が形成され、上昇気流が生まれます。これを「熱的低気圧」といいます［資料63］。局地的な低気圧であるため、天気図には現れないことがほとんどです。しかし、この熱的低気圧ができるがゆえに、夏の暑い日には中部山岳や関東甲信の山沿いで雷雨が発生しやすくなることは、知識として知っておきましょう。

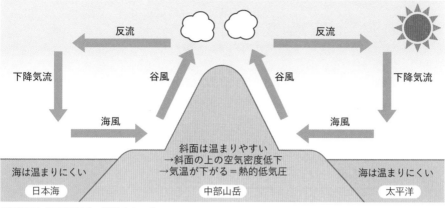

下降気流　　　　　　谷風　　　　反流　　　　　　反流　　　　　谷風　　　　　下降気流

海風　　　　　　　　　　　　　　　　　　　　　　　　　　　　　海風

斜面は温まりやすい
→斜面の上の空気密度低下
→気温が下がる＝熱的低気圧

海は温まりにくい　　　　　　　　　　　　　　　　　　　　　海は温まりにくい

日本海　　　　　　　　　　　　中部山岳　　　　　　　　　　太平洋

[資料63] 熱的低気圧の循環イメージ

豆知識

ビル風

ビル風とは、規模の大きな建物の周辺で発生する風です。ビルのすぐ横を通ったときに、突然に強い風を受けて驚いた経験をした方もいるでしょう。それがビル風です。都市においてビル風は、歩行障害、自転車の転倒などの交通への影響、洗濯物や屋根瓦の飛散などの生活や家屋への影響などの風害をもたらす厄介なものです。

ビル風が吹く原理は、ベルヌーイの定理によって説明できます。風速をv、圧力をP、空気の密度をρとして、ベルヌーイの定理によって高さの変化がない場合は、流線上では次の式が成り立ちます。

$$\frac{\text{風速}\,v^2}{2} + \frac{\text{圧力}\,P}{\text{密度}\,\rho} = 一定$$

※外力がない一定の条件の定常的な流れとする

これは、風速が低下すると圧力が上がり、逆に圧力が低下すると風速が上がることを意味します。

ビルの正面に当たった風はいったん速度を落とすため、ビルの正面では圧力が上がり、次に風がビルの側面に回り込ん

で、ビルの後ろ側に抜けるときに、ビルの正面に蓄積された圧力が速度に変換されて、強いビル風が発生することになります。その他にも、ビルを吹き抜けるときの渦の発生や、開口部への風の集中などがビル風の原因になることもあります。ビル風を防ぐために、ビルの形状（四隅の角を曲線にするなど）の工夫、防風のための植樹やフェンスの設置などの対策が取られています。

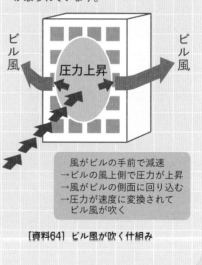

ビル風　　　圧力上昇　　　ビル風

風がビルの手前で減速
→ビルの風上側で圧力が上昇
→風がビルの側面に回り込む
→圧力が速度に変換されて
　ビル風が吹く

[資料64] ビル風が吹く仕組み

（大矢康裕　p.109〜113）

様々な大気光象

大気現象のうち、光に関するものをまとめて大気光象といいます。
虹や彩雲、ハロなど、神秘的で美しい大気光象のいくつかを
仕組みとともに見ていきましょう。

大気光象は光の現象のこと

　太陽などから届く光は、何も無ければ空間をまっすぐ進みますが、途中で空気分子や大気中をただよう微粒子（水滴、ちりなど）の影響を受けると、その進路が変化します。性質の異なる空気（気圧や温度、成分など）や水の境目を通過するようなときも同様です。このような「光の進路の変化」は、様々な大気象を引き起こすもとになります。光の進路の変化の仕方には、屈折や反射、散乱、回折などいくつかのタイプがあります。

太陽光は白色だけど…

　白くてまぶしい太陽光ですが、その中には様々な波長の光が含まれています。そのうち目に見える光を可視光線といい、波長の違いは色という形で認識されます。波長の長い方から順に赤・橙・黄・緑・青・藍・紫で、色の並びは虹と同じになっています［資料65］。
　光が屈折するときは、波長によってその角度が少しずつ異なり、波長の短い光ほど大きく曲がります。その結果、光は7色に分かれていきます。

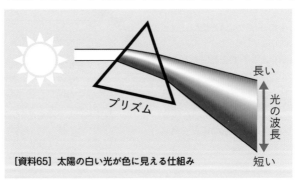

長い

光の波長

短い

プリズム

［資料65］太陽の白い光が色に見える仕組み

空にかかる大きな虹

　虹（主虹）は太陽と反対側の空にできる大きな光のアーチで、外側から赤・橙・黄・緑・青・藍・紫と色のグラデーションになっています。ときにその外側にもう1本、薄い虹（副虹）ができることがあり、その色の並びは主虹と反対になります。

　虹は太陽の反対側の空で雨が降っているとき、そこに光が当たるとできる光の現象です。比較的観察しやすいのは雨上がりの夕方、西から太陽光が差し込んできたときです。

　雨粒に当たった光はその中に入り込み、奥で反射して外に出てきます。そして光は雨粒の中に入るときと出ていくときの2回屈折し、その際にそれぞれの色に振り分けられます。反射が1回のときは主虹に、2回のときは副虹になります［資料66］。

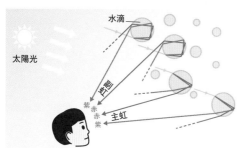

［資料66］虹が見える仕組み

［資料67］二重の虹（ダブルレインボウ）
主虹と副虹の間、少し暗い部分をアレキサンダーの暗帯という。

豆知識

白い虹もある

　霧や雲を構成する水滴は、雨粒に比べるとはるかに小さいものです。このような微小な水滴が多数浮かんでいる場所に光が当たると、白虹という白っぽい虹ができることがあります。霧が晴れていく過程で太陽を背にして立つと、稀に見られます。

［資料68］朝霧が晴れていくときに現れた白虹

🌫 雲がカラフルになる彩雲

　太陽周辺の雲が不規則に色づいて見える状態を彩雲といいます［資料69］。そしてこの色の並びが規則正しくなり、太陽が虹模様で縁取られたような状態になったものが光環（日光環）です［資料70］。

　どちらも雲粒によって光が回折した結果起きる現象です。光は雲粒など微粒子の近くを通過する際、その縁に沿って回り込むようにして、進路が曲げられます。このときの曲がり具合は波長によって少しずつ異なるため、光が色ごとに振り分けられます。この回折を引き起こす雲粒の大きさが不揃いだと彩雲に、ある程度揃っていると光環になります。

[資料69] 彩雲

[資料70] 光環

🌫 「天使のはしご」とも呼ばれる薄明光線

　空を観察していると、雲から光の筋が伸びて見えることがあります。これが薄明光線で、光芒や「天使のはしご」などとも呼ばれます［資料71］。空気中をただよう微粒子によって光が散乱され、その道筋がはっきり見えるようになったものです。大気の条件によっては光の筋よりも、影の筋の方が目立つこともあります。

[資料71] 天使のはしご（薄明光線）

氷の結晶が生みだすハロ

　ハロ（かさ現象）は上空の氷晶（→p.93）によって光が屈折または反射してできる現象を総称したものです。巻雲や巻層雲といった氷晶からなる雲が空を覆っているときによく見られます。

　氷晶の形や向き、光の当たり方などの違いから、様々な種類があり、発生する位置や形状が異なります［資料72］。その代表ともいえる内がさ（22度ハロ）［資料73］は、太陽や月をぐるりと取り囲む光の円で、古くはこれが出ると「太陽や月がかさをかぶる」と表現しました。

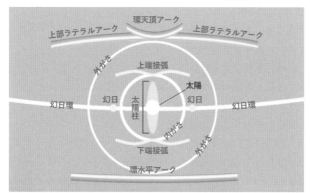

［資料72］
様々なハロ

［資料73］内がさ

［資料74］幻日

［資料75］環水平アーク

ハロなどの大気光象を観察するときは、太陽を手や電柱、建物などで隠して、直視しないようにしましょう。または、市販されている「日食眼鏡（遮光版、太陽観察フィルターなど）」を利用するのもいいでしょう。サングラスや黒い下敷きでは目に悪い光線を浴びてしまうのでNGです。

（岩槻秀明　p.114〜117）

気象に出てくる物理学

気象のことを取り扱う学問分野は「気象学」です。気象学というのは応用科学で、物理学（流体力学）、熱力学などを基礎としています。ここでは、本書の内容をより深く理解して頂くのに役立つ、基礎的な物理学の原理を紹介します。

コリオリ力

地球が自転しているために生じる「見かけ上の力」

私たちは自転している地球の上で生活しているために、自転の影響を受けていますが、自転を体感できる人はいないでしょう。毎日、太陽が東から出て西に沈んだり、夜空の星が北極星の回りを反時計回りにゆっくりと回転したりするのは、地球が自転しているからだと理屈では分かっても、それは体感ではありません。しかし、ガリレオ・ガリレイが言ったように、「それでも地球は回っている」のです。地球が自転していないと起こらないが、地球が自転していて、地球と一緒に回転しているために起こるのが、地球上で動く物体には、北半球では運動の方向を右に曲げ、南半球では左に曲げる力が働くことです。これを「コリオリ力」あるいは「転向力」といいます。

回転円板の上でキャッチボール

［資料76］をご覧ください。あなたは回転できる円形の平板の中央に立っています。次に円板が反時計回りに等速度で回転を始めます。円板の外側の

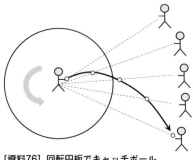

［資料76］回転円板でキャッチボールしたときのイメージ

地面の上に友達がいて、2人でキャッチボールをするとしましょう。そこで、あなたは友達に向かってボールを投げます。回転するために、あなたには、正面にいた友達がどんどん右に動いていくように見えます。また、あなたが真っすぐに投げたはずのボールもどんどん右にずれていきますが、最後はちゃんと友達にキャッチされます。友達が右に動いたり、ボールが右に曲がったりするのは「見かけ上のこと」であって、回転円板に乗っていない人から見ていると、ただ、真っすぐにボールが飛んだだけです。

日本の地面は1.7日で1回転

自転している地球上でも、まったくこれと同じことが起こります。地球は

北極点で見ると反時計回りに1日1回転しており、南極点で見ると時計回りに1日1回転しています。これは、地球儀で確認してください。説明が難しいのは、赤道上では回転していないということです。これも地球儀で確かめて頂きたいのですが、赤道の上では、東側の地面が下がって、西側の地面が上がる水平軸回りの回転はあるのですが、足下の地面は鉛直軸まわりの回転はしていないのです。ここからの説明はもっと難しくなるので、数式を使っての説明はしませんが、北極では1日に1回転、赤道では回転なしですから、緯度が φ の地点ではその中間の回転数となり、1日に sin φ 回転します。日本付近の北緯35°では1日0.57回転で、1.7日かけて1回転します。博物館などで「フーコーの振り子」が展示されているのをご覧になったことがあるかもしれませんが、あの振り子の振動面はこの周期で回転しています［資料77］。

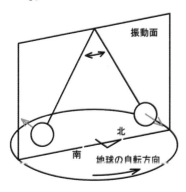

［資料77］フーコーの振り子の原理図

コリオリ力を知らないととんでもないことに

コリオリ力は地球の外から眺めると何の力も働いていないのですが、自転する地球上で現れる「見かけ上の力」です。しかし、地球上にいるときには、見かけ上ではなく、本物の力と区別できません。少し物騒な話ですが、ミサイルを発射するときにコリオリ力を計算に入れないと、とんでもないところに飛んでいきます。

また、大谷翔平投手が東京ドームでマウンドから時速160kmのストレートを投げたときに、コリオリ力によりホームベース上でどれだけ右方向にずれるかを計算したところ、0.32mmでした。

コリオリ力を受けて地衡風が吹く

上空の空気が水平方向に受ける力は、水平方向に気圧が高い方から気圧が低い方に向かって働く「気圧傾度力」と、先に説明した「コリオリ力」です。気圧傾度力は等圧線に直角で、大きさは等圧線の間隔に反比例します。コリオリ力は、大きさが運動の速度に比例し、北半球では運動の向きを右にずらす方向（進行方向に直角）に働きます。

さて、ここでは北半球での話とします。［資料78］を見てください。気圧配置としては、南で気圧が高く、北で気圧が低い状態を考えます。最初は静止していたとして、どのような風が吹くでしょうか？　空気の中の小さな空気塊（きかい）に着目して考えてみましょう。コ

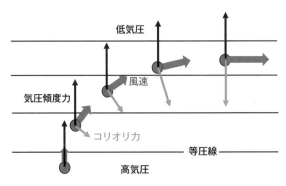

[資料78] 気圧傾度力とコリオリ力のバランスで吹く地衡風

リオリ力は静止している物体には働かないので、最初は気圧傾度力だけが働きます。南で気圧が高く、北で低いことから、空気塊はまず、北向きに動き出します。北向きに動き出すと、右向き（東向き）のコリオリ力を受けて進行方向が少し東寄りになります。気圧配置は変わりませんので、北向きの一定の大きさの気圧傾度力を受け続けるために、空気塊の速度（風速）はだんだん速くなります。コリオリ力は風速に比例するので、風速が大きくなると

ともにコリオリ力は大きくなっていきます。最終的には西風になり、北向きの気圧傾度力と南向きのコリオリ力が同じ大きさとなり、平衡（へいこう）状態となります。この風を「地衡風（ちこうふう）」と呼びます。地表面から約1,000m以上高い上空では、地衡風に近い風が吹いています。

地衡風の特徴は、風向は等圧線に平行で、風速は等圧線の間隔に反比例することで、等圧線が混み合っている所では風が強く、間隔が広い所では風が弱くなっています。参考までに、[資

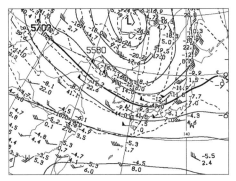 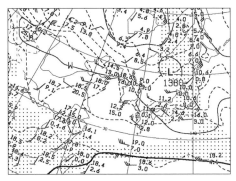

[資料79] 2022年5月31日9時の500hPa（左）および850hPa（右）天気図
実線：各気圧面の等高度線（等圧線と思ってください）
矢羽根：風向・風速（〳は約5m/s、〳は約25m/s）

料79]には、2022年5月31日09時の上空約5,500m（500hPa）および1,500m（850hPa）の天気図を示します。風が基本的には地衡風であることを確かめてみてください。

静力学平衡の式

この本で何度か出てきたように、ある場所の気圧Pというのは、そこから上にある空気の重さです。高さが少し上がると、気圧が少し減ります。この関係を与えるのが、「静力学平衡の式」です。

［資料80］に示したような鉛直に直立した、底面積がSの空気の柱（気柱）を例に考えてみましょう。この柱を高さzの所で薄くスライスした厚さΔzの気柱では、気柱の底面での気圧をPとし、上面での気圧は少し小さくなって、$P-\Delta P$とします。そこで、ΔzとΔPの関係を計算してみます。スライスした気柱の体積vは

$$V=S\Delta z$$

で与えられます。空気の密度をρとすると、気柱の質量Mは

$$M=\rho V$$

です。したがって、気柱の重さWは、地球の重力加速度をgとして、

$$W=Mg=\rho gV=\rho gS\Delta z$$

となります。

気圧というのは単位面積当たりにかかる力なので、気柱の重さを断面積Sで割ると、底面と上面の気圧差ΔPは

$$\Delta P=W/S=\rho g\Delta z$$

となります。これが「静力学平衡の式」です。

「地上気圧」といっても観測する場所が高い所にあると、当然、気圧は低い値となります（「現地気圧」といいます）。しかしながら、天気図に現地気圧を記入して等圧線を引くと、山の形の低気圧ができてしまいます。そこで、天気図には海抜高度0mでの値に換算した「海面更正気圧」を用います。この換算には静力学平衡の式を用います。Δzは、観測地点の海抜高度です。空気の密度ρは観測点と海面の間の平均気温から求めます。気温が変化する割合は1,000m当たり5℃の変化という値を使います。重力加速度gは9.8m/s^{2}です。現地気圧にここで求めたΔPを加えると、海面更正気圧となります。

空気の密度ρは約1kg/m^3、重力加速度gは約10m/s^{2}ですから、Δzが1,000mだとΔPは10000となります。この数値の単位はパスカル（Pa）です。

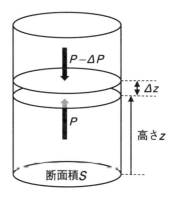

［資料80］ 静力学平衡説明図

100Pa＝1hPaの関係から、1,000m
で100hPaということになります。地
上で1000hPaだと、1,000mの山頂
ではおよそ900hPaです。

温位と大気の安定・不安定

温位とは

p.96で「断熱変化」について紹介
しました。空気塊が断熱的に上昇する
と、周囲の気圧の減少に応じて空気塊
が膨張し、膨張に要するエネルギーは
自分の温度として持っているエネルギ
ーで充当するため、空気塊の温度が下
がります。逆に断熱的に下降すると空
気塊が圧縮され、温度が上がります。
そこで、上昇・下降しても変化しない
値として、その空気塊が1000hPaの
気圧の場所にあるときの温度を「温位」
とします。温度は上昇・下降すると変
化しますが、1000hPaまで戻ると元
の温度になるので温位は変化しません。

大気の安定・不安定の例

天気予報などで聞く「大気が不安定」
とはどういうことでしょうか。今、下
層にある空気が「何らかの原因で」上
空に持ち上がったとします。そのとき
に、上空に元々あった空気よりも、下
から来た空気の温度が高い場合には、
下から来た空気に浮力が働いて上昇を
続けます。この場合は「大気が不安定」
といいます。逆に、下から来た空気の
温度が低い場合には浮力が働かないの

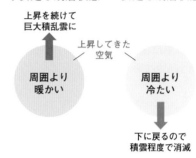

不安定な成層状態　　安定な成層状態

上昇を続けて
巨大積乱雲に

上昇してきた
空気

周囲より
暖かい

周囲より
冷たい

下に戻るので
積雲程度で消滅

[資料81] 大気の安定・不安定のイメージ図

で、持ち上がる原因がなくなると、元
いた下層に戻って行くので「大気は安
定」といいます。不安定な場合には空
気塊は上昇を続け、背の高い入道雲（積
乱雲）にまで発達することがあります。

大気が不安定になるのは、上層に寒
気が流入する場合や、下層の空気塊が
強い日射で暖められて下層だけ昇温す
る場合などです。また、「何らかの原
因で持ち上がる」とは、強い日射で下
層大気が暖められる場合や、山に風が
ぶつかって、強制的に斜面を上昇させ
られる場合などです。

※なお、ここまでは水蒸気のことを考慮しな
　い話でしたが、実際には水蒸気が関係する
　のでもう少し複雑です。このときには、温
　位ではなくて、空気中に含まれる水蒸気が
　持つエネルギーまで考慮した「相当温位」
　が大気の安定・不安定の判断に用いられます。

（大西晴夫　p.118〜122）

気象災害と
地球温暖化

温暖化って最近ずっと続いてますよね！

つくし得意の「最近」出た!!

じゃあ、地球の気温が上昇傾向になったのは何年前からでしょうか？

えーと…

じゅう…いやっ

にじゅう…ねん？

さつきちゃんお願い

上昇傾向なのは130年ほど前からです

ハァ…

そんな前から!!

125

日本で気温の統計が取られるようになったその頃から

最近どころか……

上昇傾向は続いているのよ

うちの親も昔はこんなに暑くなかったってよくいってるけど…

あつい　あつい

先輩ともなるとそんな昔から体感してるんですね！

そんな訳ないでしょ!!

つきしかちがわないのに!!

ど゛ー

で　100年ちょっとで

どのくらい気温は上がったんですか？

それは数字に強いさつきちゃんから

※気候変動監視レポート2021（気象庁）による

局地的大雨の
ドラマチックな別名で
以前からあった言葉
らしいけど

短時間の激しく
降る雨の通称として
新聞などで
使われるように
なったのよ

あ　ということは
気温は130年前から
少しずつ上がって
いるけど…

上がり方がどんどん
急になってるって
ことでは!?

そうとは言い切れない
のですが　長期的には
着実に上昇している
ことは事実です

ジワジワジワ

なーんだ

舌打ち
するんじゃ
ないわよ

日本近海の海水温の上昇は海面温度の平均で100年あたり1.24℃です

風邪ひくから早く上がりなさい！

えー

でも水ならすぐに温度が下がりそうだから大丈夫ですね

つくしー

海水の温度は大気より変化しにくいの

ということは一度上がったら下がりにくいってこと！

海水の表面温度が高いことは台風の発生要因のひとつになるの

これからますます強い台風が増えるわよ

|ılıılı·ıl·ıllılıllıılılılıllıılılılılılılılılılılılılılılılıı|

愛読者カード

よくわかる天気・気象

　ご購読ありがとうございます。読者の皆さまのご意見、ご要望等を今後の企画・編集の参考にしたいと考えております。お手数ですが、下記の質問にお答えいただきますようお願いします。

1. 本書を何でお知りになりましたか？
   a. 書店で　　　b. ネット書店で　　c. 図書館で
   d. 知人・友人から　　e. インターネットで　　f. SNSで
   g. 新聞・雑誌広告で　　h. その他（　　　　　　　　　　）

うら面へ続きます

2. 本書を購入された理由は何ですか？（複数回答可）
   a. 興味・関心のあるテーマだから　　　　　b. マンガの解説があるから
   c. なんとなく読んでみたいと思ったから　　d. 人にすすめられたから
   e. マンガのタッチが気に入ったから　　　　f. 表紙が気に入ったから
   g. その他 (　　　　　　　　　　　　　　　　　　　　　　　　　　)

3. 本書の内容について
   ① 内容は　　　　　　　（a. 良い　　　b. ふつう　　　c. つまらない）
   ② ページ数は　　　　　（a. 多い　　　b. ちょうどよい　c. 少ない）
   ③ 誌面の見やすさ　　　（a. 良い　　　b. ふつう　　　c. 悪い）
   ④ 表紙のデザイン　　　（a. 良い　　　b. ふつう　　　c. 悪い）
   ⑤ 価格　　　　　　　　（a. 安い　　　b. ふつう　　　c. 高い）
   ⑥ 本書の感想をお聞かせください。
   　　　※お客様のコメントを広告等でご紹介してもよろしいですか？
   　　　□はい　　　　　　□いいえ

   (

)

4. 書籍は、どこで買うことが多いですか？（複数回答可）
   ① 書店　　（a. 勤務先周辺　　b. 駅前　　　c. 自宅周辺）
   ② ネット書店　　　　　③ 古本屋など　　　　　④ 電子書籍販売サイト

5. 今後、ユーキャンで出版してほしい書籍のテーマがあれば、
   お聞かせください。
   (　　　　　　　　　　　　　　　　　　　　　　　　　　　　　　　　)

※下記、ご記入をお願いします。

ご職業	1. 学生　　2. 会社員　　3. 公務員　　4. 自営業 5. 主婦（夫）6. パート・アルバイト　　7. 無職 8. その他 (　　　　　　　　　　　　　　　　　)

性　別	男　・　女	年　齢	歳

ご協力ありがとうございました。

災害をもたらす気象現象

日本列島は地理的な条件を踏まえて、世界的に見ても
様々な気象災害が発生しやすい場所にあります。
主な気象災害を6つに分類して見ていきましょう。

大雨

　大雨による気象災害には、大雨を直接的な原因とする浸水害と、地面に浸透した水が引き起こす土砂災害があります。気象庁の警報には「大雨警報（浸水害）」と「大雨警報（土砂災害）」の区別がありますが、一般の方には分かりにくいかもしれません。雨が止んでも、すぐには大雨警報が解除されないことがあるのは、まだ土砂災害が発生する危険度が高いためです。

　大雨災害の危険度は、降水量だけでは適切に評価できないため、土壌中の水分量を評価できる「タンクモデル（→p.137）」から算出される指数を大雨警報の発表基準としています（雨の強さと降り方についての区分はp.152を参照してください）。

●浸水害

　地表面の大部分が舗装されている都市部では、降った雨の多くが地中に浸透せずに地表面や排水溝を通じて流れ下ります。このため、排水能力を超える大雨が降ると、用水路や下水溝などがあふれます。また、大雨や高潮によって河川の水位が上がると、河川への排水が阻まれたり、逆流したりして、住宅の床上・床下浸水や田畑が水につかるなどの災害が発生します。

　浸水害軽減のために、地下の巨大な一時貯水施設の建設や、過剰な河川水を遊水池に導くなどの対策が進められています。

【資料82】2009年7月22日中国・九州北部豪雨による山口県防府市の災害（（一財）消防防災科学センター「災害写真データベース」出典）

側溝から水があふれる浸水被害。

●土砂災害

　土砂災害は、山崩れや崖崩れなどの斜面崩壊のように土塊が一体となって移動する形態と、土石流のように多量の水が加わって流体として移動する形態があります。

　崖崩れは山崩れよりも小規模の崩壊ですが、急傾斜の崖や人工的に造成した斜面が突然崩れ落ちるなど、人の生活圏に近い所で起きやすく、非常に危険です。

[資料83] 2009年7月22日中国・九州北部豪雨による山口県防府市の災害（（一財）消防防災科学センター「災害写真データベース」出典）
佐波山トンネル付近の土砂災害。

　また、土石流は谷や川に沿って山腹や川底の石や土砂が水と混合して一気に下流へと押し流される現象で、ときには流木も混じっていて、大きな破壊力を持っています。

洪水

　洪水災害とは、河川の流量が通常時よりも増加して、堤防の決壊や橋の流出などが起きる災害です。梅雨期や台風の接近時などに多く発生します。また雪国では、春先に山の雪がとけて河川に流入し、融雪洪水となることがあります。実際に洪水は、大雨などの気象的要因と、河川の傾斜度や合流河川数などの河川特質や、流域の地質などの要因に加えて、ダムなどの河川管理の人的要因が関わっていて複雑です。上流部で降った大雨の影響が下流部に及ぶのには時間がかかるため、下流部に対する洪水警報が長時間解除されないこともあります。

暴風

　暴風とは暴風警報の基準であるおおむね平均風速20m/s以上の風のことをいいます（風の強さの区分についてはp.153を参照してください）。日本の暴風の原因として最も多いのは台風です。暴風は建造物の損壊、果樹の落下、ビニールハウスの倒壊、大規模な交通障害など、多方面に被害をもたらします。また、風で吹き飛ばされたものが当たって死者が出ることもあります。最大風速が40m/sを超えると電柱が倒れ、ときには送電鉄塔が倒壊して復旧に時間を要することもあります。台風接近が多い沖縄や西日本では、石垣や防風林で暴風に備えています。最近では、台風の進路予報を基に交通機関の計画運休などの

措置も取られるようになってきました（→p.187）。

大雪

　北海道から本州にかけての日本海側は世界有数の豪雪地帯です。豪雪地帯には、札幌などの大都市も含まれますが、面積的には山間部の方が広く、社会基盤にも差があるため、山間部の方が大雪の被害を受けやすくなっています。大雪は日常生活に種々の不便を与えるだけでなく、雪崩や屋根からの落雪、除雪作業中の事故などによって人命が奪われることもあります。

　普段は雪の少ない都市部では、わずかな積雪でも大きな交通障害が発生したり、転倒して救急搬送される人が続出したり、流通システムが麻痺するなど、社会生活に大きな影響が及びます。

干ばつ

　干ばつは冷害などと同じ長期緩慢災害に分類され、農業が最も大きな影響を受けます。夏季の平均気温が平年より数度高く、期間降水量が平年値の半分程度になると干ばつによる被害が出やすくなります。渇水時には、ダムの水は生活用が優先され、農業用にはため池など、自ら用意した水を活用することになります。

　気候温暖化が進むと、豪雨型の雨が多くなる地域がある一方で、現在よりも降水量が減少して干ばつ被害が増大する地域があるともいわれています。また、気温の上昇で蒸発や発散による水分損失が増えるため、干ばつ被害が増加するおそれがあります。

その他

　春には季節外れの寒さによる凍霜害、夏には低温や日照不足による冷害のほか、落雷などの雷災やひょう害などが発生します。また、気象が直接の原因ではありませんが、気象が大きな要因となっている災害もあります。その1つが「火災」です。特に林野火災は春に多く、乾燥して風が強いときに大火になりやすいといわれています。「大気汚染」は、晴天・弱風時に夜間の放射冷却で地表面付近の気温が低くなる一方で、上空には暖気があって鉛直混合が妨げられる場合などに汚染された空気が地表面付近に滞留して発生します。さらに、梅雨明け直後の高温による「熱中症」の多発や、気象を誘因とする「気象病」（→p.226）も注目されています。

タンクモデルと雨量3指数

大雨警報などの発表基準には、菅原正巳博士が1961年に提案した「タンクモデル」で算出した指数が使われています。降った雨は、その一部が地表面を流れ下り、その他は地中に浸透して貯留されますが、比較的短時間で再び地表に湧出したり、地中深くまで浸透して時間をかけて湧出したりして、最後は河川水となって海に入ります。この関係を、下図に示すような数段重ねの「タンク」で表現しています。

降雨はまず、最上段のタンクに入ります。このタンクの側面には穴があいていて、この高さ以上にタンクに水がたまると横方向に水が流出します。降った雨がある程度貯留された後に流出し始めることを表現しています。また、タンクの底にも穴があいていて、より深い層に水が浸透します。下のタンクの側面と底面にも穴があり、より時間をかけた水の流出を表します。数段のタンクにたまった水の総量が土砂災害発生の危険度を表す「土壌雨量指数」で、大雨警報（土砂災害）の発表基準となっています。

また、数段のタンクの側面の穴から流出する水は地表面を流れ下る水の量を表し、これに地表面の傾斜や土壌の性質を加味した係数をかけた「表面雨量指数」が大雨警報（浸水害）の発表基準となっています。

流域の表面雨量は最終的には河川に流入し、そこから先は河川の傾斜にしたがって流れ下り、ほかの支川と合流するなどして流量を増しながら海に入ります。この状況は「流域雨量指数」として求められ、洪水警報の発表基準となっています。

気象庁が使用しているタンクモデルでは、1979年に石原安雄博士と小葉竹重機博士が提案した直列3段タンクと各穴の高さや流出する水量を決める係数を用いています。

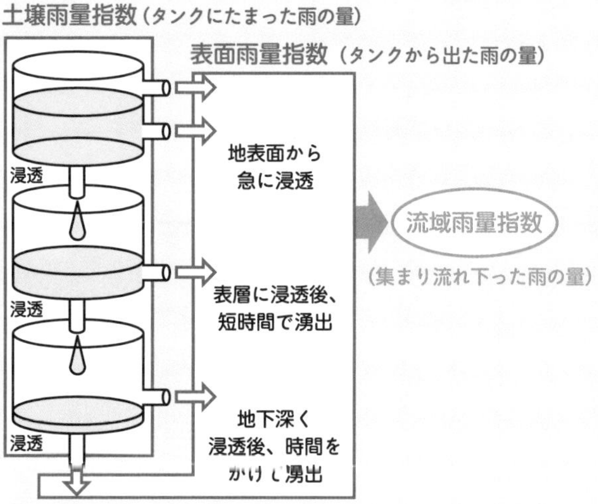

土壌雨量指数（タンクにたまった雨の量）
表面雨量指数（タンクから出た雨の量）
流域雨量指数（集まり流れ下った雨の量）

（岩下剛己　p.134〜137）

集中豪雨と線状降水帯

近年、梅雨前後から夏にかけて多く見られるようになりました。
集中豪雨や線状降水帯とはどんなものなのか、
発生する原因を含めて見ていきましょう。

集中豪雨

　集中豪雨とは、同じような場所で数時間にわたり強く降り、100㎜から数百㎜の雨量をもたらす雨をいいますが、確立した定義はありません。積乱雲が同じ場所で次々と発生・発達を繰り返すことにより起き、土砂災害、洪水など重大な災害を引き起こすことが特徴です。

　集中豪雨は、活発な積乱雲によってもたらされます。梅雨前線や太平洋高気圧の縁、台風の周辺などにおいては、多量の水蒸気が継続して流入することがあります。さらに、地表面付近が暖かく上空には寒気があるような状況と重なると、大気の状態が不安定となって集中豪雨の発生につながります。また、地形の影響を受けて水蒸気がある狭い地域に集まることが、集中豪雨を引き起こす原因となることもあります。

　集中豪雨をもたらす個々の積乱雲の寿命はせいぜい１時間程度です。しかし、積乱雲が同じような場所で、世代交代をしながら次々と発生→発達→衰弱を繰り返して、激しい雨が数時間から十数時間も継続することがあります。「集中」といっても狭い地域をさすのではなく、実際には数十㎢から数百㎢もの広範囲で起こり、数県にわたるスケールになることもあります。

　最近の予報技術の向上に伴って、集中豪雨のおおよその発生の場所や時間、降雨量などを半日くらい前に予想することが可能な場合も出てきました。気象庁では様々な観測資料などを用いて、集中豪雨

[資料84] 2011年７月に起きた新潟・福島集中豪雨（新潟県十日町地域振興局地域整備部提供）
矢印は川の流れている方向を表す。

をもたらす現象を常時監視し、その兆しを捉えた場合には、発生が予想される場所や時間をできるだけ絞り込んで、大雨警報として発表しています。

線状降水帯

　次々と発生する発達した雨雲（積乱雲）が列をなして、数時間にわたってほぼ同じ場所を通過または停滞することでつくり出される、線状に伸びる長さ50〜300km程度、幅20〜50km程度の強い降水を伴う雨域を「線状降水帯」といいます。近年では毎年のように線状降水帯による顕著な大雨が発生し、数多くの甚大な災害が生じています。

　これを受けて、2021年から気象庁では「顕著な大雨に関する気象情報」という情報の中で線状降水帯がすでに発生していることや、線状降水帯による大雨の可能性が高いことが予想されることを、半日程度前から呼びかけるようになりました。

　この呼びかけは、線状降水帯が発生すると、大雨災害発生の危険度が急激に高まるため、大雨災害に対する心構えを一段と高めてもらうことを目的として発表されます。線状降水帯による大雨が予測されるという半日程度前からの呼びかけがあったときには、住民は地元市町村が発令する避難情報や大雨警報やキキクル（危険度分布）などの防災気象情報と併せて活用し、自ら、避難するかどうかの判断を適切なタイミングですることが重要です。

　発生予測の情報は、まだ「九州南部地方」などのある程度の広がりを持った地域を対象に発表されていますが、気象庁は2023年から新しいスーパーコンピュータを導入し、数年をかけて、より狭い領域に対して発表できるように技術開発を進めるとしています。

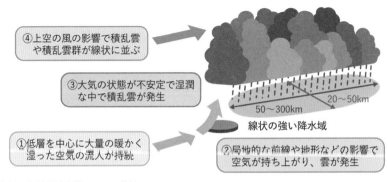

④上空の風の影響で積乱雲や積乱雲群が線状に並ぶ

③大気の状態が不安定で湿潤な中で積乱雲が発生

①低層を中心に大量の暖かく湿った空気の流入が持続

②局地的な前線や地形などの影響で空気が持ち上がり、雲が発生

50〜300km　20〜50km

線状の強い降水域

[資料85] 線状降水帯ができる仕組み

（岩下剛己　p.138〜139）

巨大積乱雲がもたらすもの

発達した積乱雲は、災害をもたらすほどの大雨を降らせますが、
ときとして、人命を奪うこともある雷や竜巻などの突風害、
農作物などに壊滅的打撃を与えるひょう害をも引き起こします。

 雷

大気は通常は電気の伝わりにくい絶縁体として扱われますが、大気に加わる電位差がある程度（1m当たり約300万V）を超えると、この絶縁が破壊され、火花が飛んで瞬間的に電流が流れます。この種の放電を「火花放電（スパーク）」といい、自然が引き起こす火花放電が雷であると考えられています。

雨、雪、あられ、ひょうなどを降らせる対流雲（→p.66〜67）には、程度の差こそあれ、すべて正負の電荷を分離する作用があります。大気中で氷の粒どうしの衝突などによって多量の正負の電荷分離が起こり、雲と雲の間あるいは雲と地上の間で放電が起こるときの現象を雷といいます。発生機構などについては、まだ十分に解明されていないこともあります。

放電のときに発する音を雷鳴、発する光を雷光または稲妻ともいいます。雷鳴は雷が地面に落下したときの衝撃音ではなく、放電の際に放たれる高い熱量によって雷周辺の空気が急速に膨張したときに発生する音波の伝搬速度が、音速を超えたときの衝撃波です。雷光は光速で伝わるため、ほぼ瞬間に到達しますが、雷鳴は音速で伝わるため、音が伝わってくる時間の分だけ、稲妻より遅れて到達することになります。そのため、雷の発生した場所が遠いほど、稲妻から雷

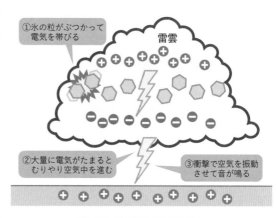

①氷の粒がぶつかって電気を帯びる

雷雲

②大量に電気がたまるとむりやり空気中を進む

③衝撃で空気を振動させて音が鳴る

[資料86] 雷が発生する仕組み

鳴までの時間が長くなり、その時間を計れば雷の発生した場所からのおおよその距離も分かります。音速は気温15℃で毎秒約340m進むので、この速度に雷光から雷鳴が聞こえるまでの時間（秒）をかけたものがその距離になります。

　雷を伴う発達した積乱雲を雷雲といい、その雲は帯電状態になっています。雲中や雲と雲の間の放電をまとめて雲放電と呼び、雲と地面との間の放電を対地放電または落雷と呼びます。雷鳴や雷光を伴う激しい風雨を雷雨といいます。雷雨のことを単に雷ということもあります。

雷の発生要因による分類

雷はその発生要因によって、熱雷、渦雷などに分別されています。

熱雷 （ねつらい）	夏期に日射で山間部の地面が熱せられ、大規模な上昇気流が発生して雷雲となる。局地的かつ散発的に発生し、持続時間は短い傾向がある。
界雷 （かいらい）	温暖な気団と寒冷な気団の2つの気団の境界で発生。特に、寒気団が前進して暖気団を押し上げる寒冷前線に沿って発生する。前線雷とも呼ばれる。帯状にまとまって発生し、世代交代があって前線の移動に付随して落雷域が移動することが多くなる。
渦雷 （うずらい）	台風や発達した低気圧の上昇気流によって発生。低気圧雷ともいう。

　日本では熱雷の状況に前線の通過が加わる熱的界雷、熱界雷というものも多く発生します。夏季において激しい雷雨を伴うことが多く、たびたび地上において被害を引き起こす雷です。局地的にまとまって発生し、ときに長さ100kmを超える巨大な積乱雲群を構成して落雷域が広範囲に及ぶことがあります。

雷の日本での地域特性

●**全国**…夏季に雷が多く発生します。背の高い積乱雲から地面に向かって下向きに放電することや、雲頂が1万mを超える積乱雲から発生すること、昼過ぎから夜の初め頃にかけて発生することが多いこと、冬季雷よりはエネルギーが少ないことなどが特徴です。

●**冬季の日本海沿岸**…冬季に目立って多く発生し、冬季雷（とうきらい）とも呼ばれます。大陸から噴き出した寒気が日本海で暖められることで、この地域に積乱雲が発生します。地面から積乱雲に向かって、上向きに放電することや、雲頂が5,000m程度の対流雲から発生することが特徴です。落雷数こそ少ないものの、夏季より数百倍のエネルギーを持つ雷が確認されているほか、雪とあられを伴うことや1日中発雷することが多いことも夏の雷とは異なります。

突風

発達した積乱雲から発生する、主な突風の種類と特徴を紹介します。

竜巻	ダウンバースト
積乱雲に伴う強い上昇気流により発生する激しい渦巻きで、多くの場合、漏斗状または柱状の雲（これを漏斗雲といいます）を伴います。積乱雲の中にメソサイクロンと呼ばれる渦が発生しているものは親雲と呼ばれ、この雲の下から渦の回転の速い渦巻きが地上まで降りてくると竜巻となります。渦巻きの回転方向は、北半球では反時計回りが一般的です。被害域は、幅数十〜数百mで、長さ数kmの範囲に集中しますが、数十kmに達することもあります。	積乱雲の中の雨、雪、ひょうなどの降水粒子が落下する際、それに引きずられたり、空気が冷やされて重くなったりしたために生じる下降気流が地上まで到達するもので、地表に衝突して水平に数百mから10km程吹き出します。被害は円形あるいは楕円形など面的に広がる特徴があります。着陸しようとしている航空機がダウンバーストに遭遇すると、急に飛行高度が下がり、最悪の場合には地面に激突する事故となり、非常に危険です。

竜巻は周囲の空気を吸い上げるため、倒壊物が移動経路に集まる形で残る。
→風の流れ
→樹木等の倒壊方向
▓竜巻の経路

ダウンバーストは、進行方向に空気を押し出しながら移動するため、倒壊物は進行方向へ倒れている。
→風の流れ
→樹木等の倒壊方向

 ひょう

　大きく発達した積乱雲から降り、人や家畜、農作物や建物などに被害をもたらす氷の塊を「ひょう」といいます。直径が5mm以上の塊で、大きいものはミカン大になることもあります（5mm未満のものは「あられ」などといいます）。積乱雲の中には強い上昇気流があり、その中の小さな氷の粒が上昇と下降を繰り返すうちに徐々に成長し、上昇気流が支えられないほど大きな粒になると落ちてきます。上昇気流が強いほど大きな粒に成長しやすくなります。

(岩下剛己　p.140〜142)

高潮

海面の高さ（潮位）は「満潮」と「干潮」を繰り返しながら
時々刻々と変化しています。ここに低気圧などの悪天候が
加わることで災害に発展することがあります。

　潮位が変化する原因のほとんどは「月の引力が海面を引き上げるため」です。太陽の引力も関係し、地球から見た月と太陽が同方向になる新月のときと、逆方向になる満月のときに潮位の変動が最大の「大潮（おおしお）」となります。月と太陽の位置が90°ずれる上弦と下弦の半月のときには潮位の変動が最小の「小潮（こしお）」となります。この変動を「天文潮（てんもんちょう）」といい、あらかじめ精度よく予測することができるので、「潮位表」などで知ることができます。

　実際の潮位は天文潮位からずれますが、大きくずれるのは台風や発達した低気圧が通過するときです。このずれを「気象潮（きしょうちょう）」と呼びます。大潮の満潮時刻と台風などの通過時刻が重なると、潮位がより高くなり、海水が防潮堤を越えて内陸部に侵入する「高潮」となることがあります。強風による高波との相乗効果で甚大な被害が出ることもあります。高潮は地震に伴う「津波」とはまったく違う現象です。高潮を引き起こす主要因には次の2つがあげられます。

[資料87] 高潮が起こる仕組み

●吸い上げ効果

　台風や低気圧の中心では気圧が周辺より低いため、周辺の気圧が高い場所での海面を押し下げる力との差から、中心付近では海面が「吸い上げられて」上昇します。外洋では気圧が1hPa下がると、潮位は約1cm上昇します。

●吹き寄せ効果

　台風や低気圧に伴う強い風が沖から海岸に向かって吹く（向岸風（こうがんふう））と、海水は海岸に吹き寄せられ、海岸付近の海面が上昇します。 この効果による潮位の上昇は風速の2乗に比例。また遠浅の海や、風が吹いてくる方向にV字形に開いた湾の場合、湾の奥では特に大きな海面上昇となるので注意が必要です。岸から沖に向かう風（離岸風）では、大きな潮位の変化は生じません。

（岩下剛己　p.143）

台風

台風を抜きにして日本の気象災害を語ることはできません。
主に夏から秋にかけて襲来し、全国的に甚大な被害をもたらします。
台風が発生する仕組みや、台風に対する防災力の変化について詳しく見ていきましょう。

台風は水蒸気を燃料に発達

　厳密には、「北西太平洋域（赤道以北で東経100°から180°の間）」に存在する「熱帯低気圧（Tropical Cyclone）」のうち、一定の基準以上の強さのものを「台風」といいます。熱帯低気圧は地域によっていろいろな名称で呼ばれており、アメリカでは「ハリケーン」、インドでは「サイクロン」などと呼ばれていますが、存在する場所が違うだけで、台風と同じものです。ちなみに、ハリケーンが西経域から180°線を越えて東経域に入ってくると、台風となります。

熱帯の海は台風を育てる「ゆりかご」

　台風は、p.40〜41で説明した温帯低気圧とはまったく違った原理で発生・発達します。台風の多くは熱帯地方の海の上で育ちます。熱帯の海上には水蒸気をたっぷり含んだ空気が満ちています。元々、熱帯域には南北両半球からの「貿易風」が集まってくる「熱帯収束帯」があり、そこは弱い上昇気流の場となっているために経常的に雲が多い領域です。これらの雲は、できては消え、消えてはできてを繰り返し、組織化されることはありません。この中で、海面水温が高いとか、下層と上層の間の風向・風速の差が少ないなど、台風の発達にとっての好条件が重なると、100km程度の広がりを持った弱いけれども大きな渦巻きが形成されます。渦に伴う雲の回転運動が確認できると「熱帯低気圧（Tropical Depression：TD）」として天気図に記載されるようになります。

「ぐるぐる循環」が台風を発生・発達させる

　渦巻きというのは、中心の周りを回転するだけですが、地表面近くでは地表面摩擦が働き、風は中心の周りを回転しながら、中心に向かって吹き込みます。

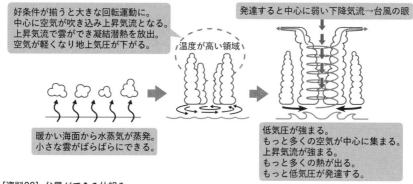

好条件が揃うと大きな回転運動に。
中心に空気が吹き込み上昇気流となる。
上昇気流で雲ができ凝結潜熱を放出。
空気が軽くなり地上気圧が下がる。

温度が高い領域

発達すると中心に弱い下降気流→台風の眼

暖かい海面から水蒸気が蒸発。
小さな雲がばらばらにできる。

低気圧が強まる。
もっと多くの空気が中心に集まる。
上昇気流が強まる。
もっと多くの熱が出る。
もっと低気圧が発達する。

[資料88] 台風ができる仕組み

中心に集まった空気は行き場が無いので上昇気流となります。水蒸気をたっぷりと含んだ空気が上昇すると、温度が下がるとともに雲ができます。水蒸気が凝結して雲となるときには、「凝結の潜熱」という熱が放出されるため、周囲の空気が暖められます。地上の気圧は、「そこから上にある空気の重さ」なので、上空の温度が上がって空気が軽くなると地上気圧が低くなります。「**中心気圧がもっと下がる**➡**地表面近くで中心に吹き込む風がより強くなる**➡**中心付近の上昇気流がより強くなる**➡**雲の生成で放出される潜熱がより増加する**➡**上空の気温がより高くなる**➡**地上気圧がより低くなる**」という「ぐるぐる循環（正のフィードバック）」が繰り返されることで、やがて台風が発生します。

このように、台風を発達させるのには豊富な水蒸気の存在が必須です。「台風は水蒸気を燃料とするエンジン」なのです。台風が海面水温の低い海域に移動するとか、中国大陸に上陸して水蒸気の補給を断たれると、短時間で衰弱・消滅してしまうのはこのためです。

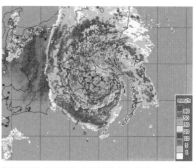

[資料89] 2016年台風第9号の気象レーダー画像（気象庁HPより）
台風中心は東京湾北部にあり、レーダーエコーのほとんどない眼や、中心から螺旋（らせん）状に伸びる何本かの「スパイラルバンド」が見えている。

台風となる基準

熱帯低気圧（TD）に伴う風が17m/s以上（最大風速34ノット以上）になった場合、台風と判断されます。17m/sも34ノットも中途半端な数値ですが、「ビ

ューフォートの風力階級」という、木の枝の揺れ方や海上の波の立ち方を基に
風速計がなくても目視で風速を見積もることのできる手法があり、この方法で
は「風力階級8以上」が台風と判定されます。

飛躍的に向上した防災力だが、課題も

（ 台風の大きさと強さ ）

国内向けの台風情報では、「大型で強い台風」などの「台風の大きさ・強さ」
が発表されます。台風の大きさは強風域の半径で、台風の強さは最大風速で階
級分けされています。以前は「小型の台風」、「弱い台風」などの表現も使われ
ていましたが、1999年に神奈川県玄倉川（くろくらがわ）で起きた川の中州でキャンプしてい
た人たちの水難事故を契機に、「情報の受け手に誤った安心感を与える」として、
「弱い」や「小型の」といった表現は廃止されました。

福眞吉美（ふくまよしみ）（1991）は、この台風
の大きさ・強さに関する指標の組み
合わせを用いて「M（地震の規模を
示す「マグニチュード」）からの類推」
を定義し［資料90］、上陸した台風
について、Mと犠牲者数の関係を年
代別に調べました。筆者がこの関係
を2020年まで期間延長して調べた
結果を［資料91］に示します。

		台風の大きさ				
階級		ごく小さい	小型	中型	大型	超大型
台風の強さ	弱い	1	1	2	3	4
	並みの強さ	2	2	3	4	5
	強い	3	3	4	5	6
	非常に強い	4	4	5	6	7
	猛烈な	5	5	6	7	8

[資料90] 台風の大きさと強さの組み合わせ
によるMの定義
※階級のうち、黄色で塗りつぶしたものは、
　現在、使われていない。

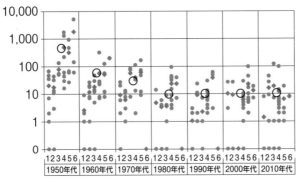

[資料91] 年代別・Mごと
に見た犠牲者数の推移
横軸の数字がM、縦軸は対
数目盛りの犠牲者数（人）

● 各台風の犠牲者数
◆ 各Mの犠牲者数の平均
○ 各年代の犠牲者数の平均

台風による犠牲者数は激減

　Mの定義によると、例えば、最大規模のM＝6（大型で非常に強いクラス）では、1950年代では1,000人以上の犠牲者が出ていたものが、最近では10人程度と激減しています。同様に、M＝5（大型で強い・中型で非常に強いクラス）では、1950年代には300人、1990年代では50人程度の犠牲者数であったものが、最近では10人程度まで減少しました。これは、護岸堤防や河川堤防の改修などのハード面の改善に加えて、気象庁の台風の進路予報精度の向上や、地方自治体からの避難情報が、きめ細かく適時に発表されるようになってきたこと、国民の防災意識が向上してきたことなど、ソフト面の改善の結果と思われます。

従来の防災対策だけでは限界も

　しかしながら、近年は、犠牲者数が下げ止まっており、以前はMが大きいほど犠牲者が多いという関係でしたが、Mと犠牲者数の間の相関が低くなり、Mが小さくても多くの犠牲者が出る台風が散見されます。これは、台風の大きさ・強さが台風の強風を基にした指数であるのに、最近の犠牲者は河川の氾濫や土砂災害など、大雨に起因するものが大勢を占めていることとも関係していそうです。大雨災害に強い国土をつくっていく必要があります。

もっと知りたい！

台風に関する「平年値」

　現在用いられている「平年値」では、1年間に発生する台風の数は25.1個です。これは、世界中で1年間に発生する「名前や番号が付けられる熱帯低気圧」全体の約30％を占め、世界で一番多くなっています。アメリカの東海岸を含む北東太平洋がこれに次ぐ16個程度の発生数ですが、陸から離れる方向に移動するものが多く、あまり被害は出ません。

　日本への接近数（日本の300km以内に台風中心が近づく）は11.7個、日本への上陸数は3.0個です。ここでいう「上陸」とは、北海道、本州、四国、九州の海岸線に台風の中心が達することです。また すぐに海上に出る場合や、この4島以外の島を横断する場合は「通過」です。

　図に示したように、これらの数には20〜10年程度の周期で増減を繰り返す傾向があり、発生数は長期的には減少傾向にあります。

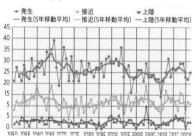

[資料92] 年ごとの台風の発生数（青）、接近数（緑）、上陸数（赤）

☼ 雨台風と風台風

　台風通過後に被害の実態が明らかになると、「今回は雨台風だった」とか「風台風だった」とかの声が聞こえてきます。大雨による被害が大きかった場合には「雨台風」、強風による被害が大きかった場合には「風台風」といわれます。

　［資料93］は雨台風と風台風の具体例を選び、犠牲者（死者・行方不明者）が出た災害要因について、それぞれが全体に占める割合を示したものです。災害の現れ方が大きく違うのが分かります。

［資料93］雨台風（T1112）と風台風（T9119）の被害の比較

T1112

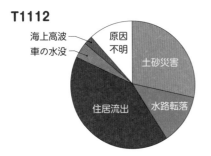

T9119

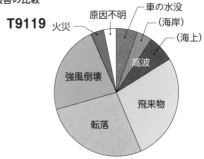

2011年第12号台風（T1112）は、98名の犠牲者が出た雨台風。和歌山県から奈良県にかけて記録的な大雨が降り、特に熊野川沿いの地域で多くの犠牲者が出た。熊野川は流域の大部分が山間部で、川幅が狭く、人家は川に近い山沿いの場所に建てられているため、自宅で被災した方が大多数を占めた。

1991年第19号台風（T9119）は62名の犠牲者が出た風台風。青森県を中心に収穫直前のリンゴが大量に落果して農家に大打撃を与え、「リンゴ台風」とも呼ばれた。被害は全国に及び、四国ではミカン農家が塩害に泣き、広島では数日後の雨で、電線に付着していた塩が溶けたことによる大規模な停電が起きた。

　大雨による被害としては、住居の裏山が崩れて土砂が住居に流れ込み、その中にのみ込まれるなどの「土砂災害」があります。また、上流などで降った大雨のため、住居前の河川の水位が急激に上がって住居に流れ込み、逃げる間もなく住居ごと濁流にのみ込まれるということがあります。上流部の大雨を知るのは難しいために避難や対策が遅れるからです。そのほか、畑などの状況が気になり、大雨で川のようになった道路で足を取られて側溝に落ちる事故も多発

[資料94] 雨台風T1112による和歌山県新宮市の被害の様子（(一財) 消防防災科学センター「災害写真データベース」出典）

[資料95] 風台風T9119による被害で落下したリンゴ（PIXTA）

しています。心配でしょうが、大雨の中でできることは限られるので、外出は我慢しましょう。冠水した道路に自動車で進み、道路の境目が分からず脇へ転落して水没する事故も増えています。また、鉄道や道路の下をくぐり抜ける「アンダーパス道路」では、排水が追いつかずに数10㎝浸水している所に車で突っ込み、溺死したり、かろうじて救助されたりする事故も増加しています。

強風による被害としては、道路を歩行中に、看板などの飛来物が頭などを直撃したり、風で倒壊した大きな建造物の下敷きになったり、風が少し弱くなったので破損した屋根の応急修理をしようとして屋根に上っていたところ、急な突風が吹いて地上に転落したりするなどの事故もあります。

2019年第15号台風では、房総半島のあちこちで送電鉄塔が倒壊し、その復旧に時間を要して長期間停電となる被害が出たことは記憶に新しいところです。

台風被災の実態を反面教師として

雨台風への対処は、「早めの避難」に尽きます。日頃から自分の住居、勤務先、通勤経路にどのような危険があるのかをハザードマップで確認しておきましょう。2009年8月に兵庫県佐用町で、無理に避難所に向かおうとした家族が川のようになった道路で流される事故があり、現在は「避難が遅れた場合は無理に避難せず、身の安全を守れる場所にとどまるように」と広報されています。

風台風への対処では、「不要不急の外出は避ける」ことが第一です。公共交通機関の「計画運休」などの情報をチェックするのも大切です。

ただ、台風が来る前に「雨台風」か「風台風」かが分かる訳ではないので、どのような事態にも対処できる余裕を持った準備が肝要です。

（大西晴夫　p.144〜149）

気象警報・注意報、防災気象情報システム

気象による災害を少しでも軽減させるためのシステムです。
呼びかける基準や内容について、正確に知っておくことが、
かけがえのない命や財産を守るために大切です。

気象庁が発表する警報・注意報について

　気象庁は、大雨や暴風などによって発生する災害の防止・軽減のため、災害に結び付くような激しい現象が予想される数日前から早期注意情報（警報級の可能性）や気象情報を発表し、その後の危険度の高まりに応じて注意報、警報、特別警報を段階的に発表しています。

　大雨、高潮、津波や暴風などによって重大な災害が起こるおそれがあるときに「警報」を、災害が起こるおそれがあるときには「注意報」を発表して警戒や注意を呼びかけます。これに加え、数十年に１度という極めて稀で異常な現象で、警報の基準をはるかに超える大雨や暴風、大雪などが予想され、重大な災害の起こるおそれが著しく高まっている場合に「特別警報」を発表し、最大級の警戒を呼びかけます。警報・注意報、特別警報は原則として市町村単位で発表されます。

　また、大雨警報が発表されている際中、数年に１度程度しか発生しないような短時間の大雨を観測・解析したときに、「記録的短時間大雨情報」という情報を発表します。この情報が発表されたときは、土砂災害や浸水害、中小河川の洪水災害の発生につながるような猛烈な雨が降っていることを意味します。

　大雨に関しては、気象庁単独で呼びかける大雨警報（浸水害）や洪水警報とは別に、気象庁が国土交通省や都道府県と共同で発表する「指定河川洪水警報」が

特別警報	大雨（土砂災害、浸水害）、暴風、暴風雪、大雪、波浪、高潮
警報	大雨（土砂災害、浸水害）、洪水、暴風、暴風雪、大雪、波浪、高潮
注意報	大雨、洪水、強風、風雪、大雪、波浪、高潮、雷、融雪、濃霧、乾燥、なだれ、低温、霜、着氷、着雪
早期注意情報（警報級の可能性）	大雨、暴風（暴風雪）、大雪、波浪、高潮

[資料96] 気象等の特別警報・警報・注意報の種類と内容

あります。また、気象庁と都道府県が共同で発表する「土砂災害警戒情報」は、大雨警報（土砂災害）の発表後に命に危険を及ぼす土砂災害がいつ発生してもおかしくない状況となったときに、市町村長の避難指示や住民の自主避難の判断を支援するよう、対象となる市町村を特定して警戒を呼びかけるものです。

自治体の防災気象情報の活用と住民の避難行動

　気象庁が発表する防災気象情報は、各地の地方気象台等からオンラインで都道府県へと伝達され、都道府県より市町村へ伝達されるほか、報道機関等を通じて住民に周知されます。市町村等からは、地域の実情に応じて防災行政無線や広報車の巡回、ケーブルテレビなどを用いて住民へ周知されます。地方自治体の防災システムによっては、一般住民も気象庁等からのデータに加え、自治体独自の気象や河川等のデータなどを、避難情報を含め、その地域のホームページでリアルタイムに閲覧できる場合もあります。またこのシステムを利用して県と市町村等相互に災害関係の意見交換を行っているところもあります。

　政府は、「避難情報に関するガイドライン」において、住民は「自らの命は自らが守る」意識を持ち、自らの判断で避難行動をとる、との方針を示しています。この方針に従い、住民が、とるべき行動を直感的に理解しやすくなるよう、５段階の警戒レベルを明記して、防災情報が提供されています。防災気象情報と警戒レベルの関係は［資料97］の通りです。　　（岩下剛己　p.150〜151）

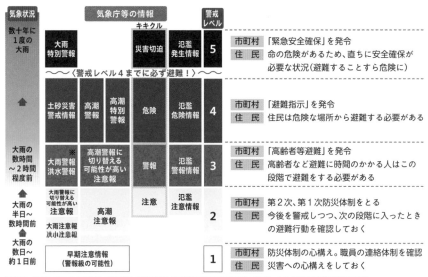

※夜間〜翌日早朝に大雨警報（土砂災害）に切り替える可能性が高い注意報は、警戒レベル３（高齢者等避難）に相当

［資料97］　５段階の警戒レベルと防災気象情報（気象庁HP参考）

雨の降り方・風の吹き方

雨と風、それぞれ天気予報などで聞く用語や数字は、
あまりピンとこないことがあります。その実際の様子について
違いが分かるように、一覧にまとめた表で確認しましょう。

☀ 雨の強さと降り方

1時間雨量 予報用語 （イメージ）	屋外の様子　人への影響	屋内 （木造住宅を想定）	車に乗っていて
10～20mm **やや強い雨** （ザーザーと降る）	● 地面一面に水たまりができる ● 地面からの跳ね返りで足元が濡れる 	雨の音で話し声が よく聞き取れない	
20～30mm **強い雨** （土砂降り）	● 30mmを超えると道路が川のようになる ● 傘をさしていても濡れる	寝ている人の半数 くらいが雨に気が つく	ワイパーを速くし ても見づらい
30～50mm **激しい雨** （バケツをひっくり返し たように降る）			高速走行時、車輪 と路面の間に水膜 が生じブレーキが 効かなくなる
50～80mm **非常に激しい雨** （滝のように降る／ ゴーゴーと降り続く）	● 水しぶきで辺り一面が白っぽくなり、 　視界が悪くなる ● 傘はまったく役に立たなくなる		車の運転は危険
80mm～ **猛烈な雨** （息苦しくなるような 圧迫感がある／ 恐怖を感じる）			

風の強さと吹き方

平均風速(秒速) 予報用語 (おおよその時速)	人への影響	屋外・樹木の様子	走行中の車	建造物
10〜15m/s やや強い風 (〜50km/h)	●風に向かって歩きにくくなる ●傘がさせない	●樹木全体が揺れ始める ●電線が揺れ始める	道路の吹流しの角度が水平になり、高速運転中では横風に流される感覚を受ける	●樋(とい)が揺れ始める
15〜20m/s 強い風 (〜70km/h)	●風に向かって歩けなくなり、転倒する人も出る ●高所での作業は極めて危険	●電線が鳴り始める ●看板やトタン板が外れ始める	高速運転中では、横風に流される感覚が大きくなる	●屋根瓦・屋根葺材がはがれるものがある ●雨戸やシャッターが揺れる
20〜25m/s 非常に強い風 (〜90km/h)	●何かにつかまっていないと立っていられない ●飛来物によって負傷するおそれがある	●細い木の幹が折れたり、根の張っていない木が倒れ始める ●看板が落下・飛散する ●道路標識が傾く	通常の速度で運転するのが困難になる	●屋根瓦や屋根葺材が飛散するものがある ●固定されていないプレハブ小屋が移動、転倒する ●ビニールハウスのフィルム(被覆材)が広範囲に破れる
25〜30m/s 非常に強い風 (〜110km/h)				●固定の不十分な金属屋根の葺材(ふきざい)がめくれる ●養生の不十分な仮設足場が崩落する
30〜35m/s 猛烈な風 (〜125km/h)	●屋外での行動は極めて危険	●多くの樹木が倒れる ●電柱や街灯で倒れるものがある ●ブロック壁で倒壊するものがある	走行中のトラックが横転する	●外装材が広範囲にわたって飛散し、下地材が露出するものがある
35〜40m/s 猛烈な風 (〜140km/h)				
40m/s以上 猛烈な風 (140km/h〜)				●住家で倒壊するものがある ●鉄骨構造物で変形するものがある

(気象庁HP参考)

(岩下剛己　p.152〜153)

3

気象災害と地球温暖化

地球温暖化（気候変動）を知ろう

京都議定書やパリ協定などでも知られ、世界で共通認識を持って
対策に当たらないといけない課題が「地球温暖化（気候変動）」です。
ここでは、この課題と気象の関わりについて学んでいきましょう。

地球誕生から続く気候変動

　私たちの地球はおよそ46億年前に生まれ、人類が誕生したのはおよそ500万年前といわれています。つまり地球上に人類が現れたのは、長い地球の歴史の中ではごく最近のできごとです。その人類は、過去100万年の間に4回の「氷期」と「間氷期」という大きな気候の変動を経験してきました。今私たちは4回目の氷期が終わった後の間氷期にあると考えられています。

　気候は太陽から受け取る放射エネルギーを大気と海や陸地との間でやりとりすることで形成されており、様々な要因で変動しています。例えばエルニーニョ現象やラニーニャ現象（→p.158）、あるいは大規模な火山爆発による太陽からの入射光の減少の影響などによる数カ月や数年単位の時間スケールの変動があります。また、時間スケールの長いところでは、太陽を回る地球の軌道の変動や地軸の変動によって起こると考えられている氷期と間氷期の変動のような数万年、数十万年単位の変動などがあります（厳密な意味では、気候変動と気候変化は違いますが、ここでは特に区別しないで「気候変動」と表現しています）。

数百万年前の気候の調べ方

　気候変動を調べるには、長い期間にわたる気温や降水量などの観測データが必要です。ところが、温度計や雨量計などの気象測器を用いて直接的な気温や降水量などの観測が行われるようになったのは、数百年前からです。それ以前の気温や降水量などがどの程度であったかということについては、古文書や樹木の年輪、花粉や海洋堆積物、サンゴの年輪などを調べ、あるいは南極やグリーンランドに降り積もっている厚さ数千mの氷床から採取された氷を分析することなどで、間接的に推定されているというところです。このような研究が進

み、今では過去数百万年にわたる地球の気候変動が推定されています。

地球温暖化と温室効果

　最近、気候変動問題として取り上げられるのは自然の要因ではなく、人為的な要因による地球温暖化の問題です。18世紀半ばに始まった産業革命以降、人類が石炭や石油などの化石燃料を使用し続けてきたことで、大気中に二酸化炭素やメタンなどの温室効果ガスを大量に放出してきました。人間活動による温室効果ガスの増加が、急激な地球温暖化の原因ではないかと懸念されています。

温室効果とは

　大気には、もともと水蒸気や二酸化炭素などの温室効果をもたらす気体（ガス）が含まれています。太陽からの放射エネルギーで地球の表面が暖められますが、暖められた地球の表面からは上空に向かって赤外線が放出されます。ところが放出された赤外線の多くは、大気中に含まれる温室効果ガスに吸収されて、再び地球の表面に戻ってきます。この戻ってきた赤外線が地球の大気を暖めることになります。これが温室効果です（→p.90）。

　しかし、この温室効果が過剰に働くことで平均気温が上昇して地球温暖化が進んでいきます。大気中には二酸化炭素、メタン、一酸化二窒素、フロンなどの温室効果ガスがありますが、中でも二酸化炭素は地球温暖化に最も大きな影響を及ぼします。二酸化炭素の大気中の濃度が増加してきた原因としては、前述した産業革命のほか、農業や畜産業などの活発化に伴って森林の減少と耕地の拡大が進んだことなどが考えられています。

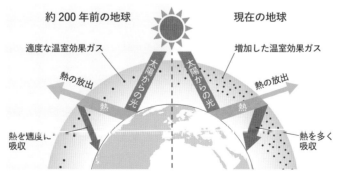

[資料98] 温室効果と地球温暖化の仕組み

日本や世界の気温の変化など

気象庁の年次報告書「気候変動監視レポート」

　気候変動に関して、日本と世界の大気や海洋等の観測および監視結果に基づいた最新の科学的な知見を取りまとめた年次報告書として、気象庁から「気候変動監視レポート」が発行されています。「気候変動監視レポート2021」によると、温度計による観測データを用いて気温の統計が開始されるようになった1898年から現在までの約120年間の日本全体の年平均気温の変化は、年々の変動や数十年スケールなどの変動を繰り返しながらも、長期的には上昇傾向にあることが示されています。この120年間の変化傾向としては、100年当たり1.28℃の上昇率となっています。特に1980年代後半からは、気温の上昇傾向が急になっており、顕著な高温を記録した年は最近の1990年代以降に集中しています［資料99］。なお、この120年の間には、日本各地は人間活動の活発化に伴い都市化が進み、そこでの気温の変動には、自然の変動のほかに人為的ともいえる都市化による影響も含まれることになります。自然の気温の変動を把握するためには、できるだけ都市化の影響の小さい観測地点のデータを用いる必要があります。そこで、日本全体の気温の変動を把握する際には、長い期間の観測データがあり、都市化の影響が比較的小さいと見られる15地点（網走、根室、寿都、山形、石巻、伏木、飯田、銚子、境、浜田、彦根、多度津、宮崎、名瀬、石垣島）のデータを基に計算しています。

日本の気温変化

　気温の上昇傾向に伴って、暑さの厳しさの目安である猛暑日（１日の最高気温が35℃以上の日）の日数や、夜の寝苦しさの目安となる熱帯夜（夜間の最低気温が25℃以上の夜）の日数も年々増加傾向にあり、冬の寒さの厳しさの目安である冬日（１日の最低気温が０℃未満の日）の日数は少なくなるという傾向が見られます。また、気温の上昇に伴い、雨の降り方にも変化が見えます。１日に降る雨の量が100㎜以上というような大雨の日数が長期的に増える傾向にあり、これらについては地球の温暖化が影響している可能性があるといわれています。

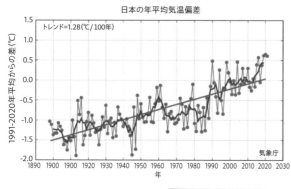

日本の年平均気温偏差

トレンド=1.28(℃/100年)

気象庁

[資料99] 日本の年平均気温偏差の経年変化(1898〜2021年)（気候変動監視レポート2021〔気象庁〕より）

偏差の基準値は1991〜2020年の30年平均値。
黒線…国内15観測地点での各年の値（基準値からの偏差）を平均した値。
青線…偏差の5年移動平均値。
赤線…長期変化変化傾向（この期間の平均的な変化傾向）。

世界の気温変化

　世界の平均気温も日本の平均気温とほぼ同じように、年々の変動や数十年スケールの変動をしながらも、1891年から最近までの約130年間は上昇傾向が見られ、特に最近数年間の上昇が顕著です。この130年間の世界の年平均気温の変化傾向としては、100年当たり0.73℃の上昇率となっています。

　現在、世界中の科学者が協力して人為的な要因による気温上昇や昇温の程度を評価し、さらに今後の地球温暖化の見通しなどについて研究が続けられています。これまでのところ観測事実として、二酸化炭素をはじめとする温室効果ガスの増加とともに、日本の年平均の気温も世界の年平均の気温も明らかに上昇傾向が見られます。また今後の見通しについては、気候モデルによる数値実験の結果から、100年で数℃程度の昇温が予測されています。特に高緯度地方の方が昇温の程度が著しいであろうということや、同じ高緯度地方でも北半球よりも南半球の方の昇温は少ないことなどが推測されています。また、大気中で同じように増加しているエーロゾルは、昇温ではなく逆に冷却効果をもたらす可能性があることなども指摘されており、今後の研究が待たれるところです。

　地球温暖化についての科学的な研究の収集や整理のための組織として「気候変動に関する政府間パネル」（略称「IPCC」）という組織があります。ここでは数年おきに、世界中の数千人の専門家による地球温暖化に関する最新の知見の評価、対策技術やその効果などについての科学的知見を集約した「評価報告書」を発表しています。IPCC 第6次評価報告書（2021年8月公表）には次のようにのべられています。

人間の影響が大気、海洋及び陸域を温暖化させてきたことには疑う余地がない。大気、海洋、雪氷圏及び生物圏において、広範囲かつ急速な変化が現れている。

（酒井重典　p.154〜157）

Part 3

エルニーニョ現象と
ラニーニャ現象

日本のほぼ裏側で起こる大気・海洋の現象ですが、
とても広い範囲の気象に影響を及ぼしています。
どのような現象か、どうして広く影響を及ぼすのかを知りましょう。

エルニーニョ現象・ラニーニャ現象の定義

　南米のペルーやエクアドルの沖合いの海は、栄養に富んだ冷たい海水が湧き上がってくる海域で、世界有数の漁場となっています。ところが、年末に海面水温が上昇して魚が捕れなくなったり、大雨が降ったりなどの異常気象が見られることがあります。クリスマスの頃に現れるこのような現象を地元では「幼子イエス」として「El Niño（エルニーニョ）」（＝ The Boy）と呼んでいました。近年になって広い範囲の大気や海の観測が進んだところ、このような海面水温が高くなる現象は沿岸だけの局地的なものではなく、太平洋赤道域という広い海域での現象であることが分かりました。太平洋赤道域の東半分にわたる広い海域で、数年に1度の割合で海面水温が平年に比べて1〜2℃（ときには2〜5℃）高くなり、その状態が半年から1年半くらい続く大規模な現象をエルニーニョ現象と呼んでいます。またエルニーニョ現象とは逆に、この海域の海面水温が平年より低い状態が半年から1年半くらい続くこともあり、ラニーニャ現象と呼んでいます（ラニーニャはスペイン語で女の子の意味）。

各現象がもたらす影響

　海の状態と大気の流れとは密接な関係があります。海面の暖かい所では活発な上昇気流が生まれ、積乱雲を発達させます。この積乱雲ができるとき周辺の大気に大量の熱を与えます。それがエネルギーとなっていつもとは異なる大気の流れができます。つまりエルニーニョ現象やラニーニャ現象は、太平洋熱帯域の広い範囲にわたる大気と海洋を含めた地

**［資料100］月平均海面水温平年偏差
（気象庁HPより）**
左：エルニーニョ時（1997年11月）
右：ラニーニャ時（1988年12月）

158

球規模の現象という訳です。このような海面水温分布の変化は大気の流れにも影響して世界的な異常気象を引き起こす一因ともいわれています。

●日本の天候との関係

　エルニーニョ現象は、日本から遠く離れた太平洋赤道域のできごとですが、日本の天候とも関わっています［資料101］。日本の夏の天候は主として太平洋高気圧に左右されます（→p.108）。太平洋高気圧は、西部熱帯太平洋域（フィリピン付近）の海面水温と深い関係があり、海面水温が平年よりも高いときには太平洋高気圧は本州方面へ強く張り出し、海面水温が低いときは張り出しが弱いという関係です。エルニーニョ現象が発生している夏は、西部熱帯太平洋域の海面水温が平年より低くなるため、太平洋高気圧は本州方面への張り出しが弱くなります。その結果、冷夏傾向になりやすいという訳です。一方、ラニーニャ現象が発生している夏は、反対に平年並か暑い夏になりやすいようです。

　また日本の冬の天候は、西高東低の冬型気圧配置に大きく左右されますが、エルニーニョ現象が発生していると冬型気圧配置は現れにくくなります。その結果、北日本を除いて平年よりも暖かい冬になる傾向があります。一方、ラニーニャ現象が発生していると、平年並か寒い冬になりやすいようです。

●世界の天候との関係

　エルニーニョ現象やラニーニャ現象は大気の流れにも影響し、世界の異常気象にも及びます。ある地域では降水量が少なくなって干ばつとなり、別の地域では大雨に見舞われて洪水が発生するなど、様々な異常気象が見られます。

（酒井重典　p.158～159）

［資料101］エルニーニョ現象・ラニーニャ現象が日本の天候へ影響を及ぼすメカニズム（気象庁HP参考）

暑夏・冷夏と暖冬・寒冬など

日本の四季を明確に分ける夏と冬ですが、それぞれに
平年よりも気温が高かったり低かったりすることがあります。
そのメカニズムと及ぼす影響を見ていきましょう。

暑夏・冷夏と暖冬・寒冬とは

　夏の平均気温が平年より高い夏を「暑夏」、平年より低い夏を「冷夏」といいます。同じように、冬の平均気温が平年より高い場合を「暖冬」、低い場合を「寒冬」といいます。暑夏なのか冷夏なのか、あるいは暖冬なのか寒冬なのかは「平年の夏の気温」あるいは「平年の冬の気温」を基準に判断されます。この「平年の気温」つまり「平年値」は、西暦年号の区切りの良い過去30年間の平均値として求めます（2030年まで使われるのは、1991〜2020年の平均値です）。

（暑夏・冷夏と暖冬・寒冬を決める方法）

　まず平年値を作成した過去30年間の平均気温のデータを低い順から高い順に並べます。次にそれを並んだ順序で３つのグループに３等分します。そして低い方から10番目までを「低い」グループ、高い方から10番目までを「高い」グループ、真ん中の11〜20番目を「平年並」グループというようにグループ分けします。この区分にしたがって、ある年の夏の平均気温が高いグループに入るほどに高い場合は「暑夏」であり、低いグループに入るほど低い場合は「冷夏」、真ん中のグループに入る程度ならば「平年並の夏」ということになります。

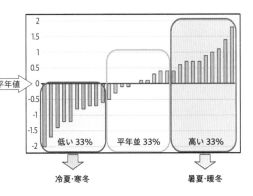

[資料102] 暑夏・冷夏と暖冬・寒冬を決めるイメージ

なお、このような階級区分からも分かるように、「平年並の夏」といっても夏の平均気温がちょうど平年値の場合だけではありません。過去30年の観測値の中で平年値に近い10年ほどが平年並の夏となります。この幅は、地域や季節によっても若干違いますが、日本付近ではだいたい平年値±0.2℃～±0.4℃くらいです。大まかにいえば、夏の平均気温の平年差が±0.3℃程度以内ならば平年並の夏、それより高い場合は暑夏、それより低い場合は冷夏となります。冬についても同じような方法で、暖冬や寒冬が決まります。なお、冬の平均気温は前年12月から年を越して2月までの3カ月を、夏の平均気温は6月～8月までの3カ月を、平均気温として算出します。

冷夏や暑夏の社会的な影響など

> 冷夏や暑夏の影響

　平年の状態から大きく偏った夏や冬の天候は社会の各方面に様々な影響を及ぼします。平年からの偏りが大きかった天候の例を見てみましょう。

●1993（平成5）年の冷夏

　6月から8月までの3カ月にわたって低温と日照不足の天候が続きました。盛夏期の暑い夏を経験しないまま秋になり、この年は気象庁が「梅雨明けが特定できない」と発表するほどに異常な夏となりました。このため特に稲作の被害は甚大で、全国平均の米の作況指数が著しい不良となるような大冷害の年となりました。当時は豊作が続き、余剰米の処理に苦労するような時代でしたが、この冷夏によって国内で消費する米が不足し、食用米の緊急輸入をしなければならない状況となるなど、まさに社会的に大きな影響を与えました。

●1994（平成6）年の暑夏

　前年とは対照的な高温と少雨の夏となりました。特に西日本や東日本では記録的に暑い夏となり、東京や大阪をはじめ多くの地点で39℃を超える猛暑が観測されるなど、多くの地点で月平均気温が観測開始以来最も高い値を記録するほどでした。また、安定した高気圧に覆われ、さらに春から降水量の少ない状態が続いていたため、東日本や西日本を中心に厳しい渇水に見舞われました。

●2004（平成16）年の暑夏

　この年は猛暑のおかげで夏物商品の売り上げが大幅に伸びたことなどで、実

質国内総生産も押し上げられ、日本経済にとっては景気回復へのさらなる追い風になったともいわれています。猛暑がもたらす経済的な効果としては、エアコンや夏物衣料などの季節商品の売り上げの伸び、またレジャー客や行楽客の増加、農作物の生育促進などプラスの効果がありますが、一方で記録的に暑い夏は水不足や熱中症の患者数の増加など、マイナスの影響もあります。

　夏や冬の天候と経済活動などとの関係については、一般に夏は夏らしい暑さ（暑夏）となり、冬は冬らしい天候（寒冬）となることが経済活動にはよい影響を与えるようです。

世界の天候との関係

　日本の暑夏・冷夏あるいは暖冬・寒冬のような、偏りの大きな天候は北半球規模の偏西風の流れと関係しています。したがって、そのような偏西風の流れが現れているときには、世界のどこかでも同じような、あるいは日本付近とは反対の異常気象が発生していることがあります。例えば2003年の夏は、日本では冷夏となりましたが、ヨーロッパでは数百年来の記録的な猛暑となりましたし、多くの地域で連日40℃を超える猛烈な暑い夏となり、ヨーロッパ全体では20,000人以上の死者が出たといわれています。広い範囲で干ばつによる森林火災、農業被害、渇水が発生し、さらにはヨーロッパアルプスの氷河がかなり融解したと報じられるなどの異常気象が発生しました。同じように2022年の夏も日本では記録的な猛暑日の継続など「かなり暑い」夏となり、アジア、アメリカ、ヨーロッパなど世界各地から猛暑や干ばつ、大雨など様々な異常気象が報道されました。これも半球規模での偏西風の蛇行が原因のようです。

（酒井重典　p.160〜162）

気象災害って、本当にいろいろあるんだな〜。

日本は特に気象災害に見舞われやすい地域なんだよね。

だからこそ、気象の観測と分析、予報が必要で、各自も防災の知識を持っておくことが大切なんですね。

生活に
密接に関係した
気象の世界

でも私も　今日みたいな日は
外で過ごしたいかな

だって…

山が　　呼んでる
　　　　から！！

ヤッホー

ヤッホー

先生って意外と
アウトドア系
なんですね

山の声が
きこえる….

そういえば
山登りが御趣味
でしたね！

そもそも私が気象の勉強を始めたのは

山の天気変化を知りたいと思ったからなの

山と平地ってそんなに天気が違うんですか？

そうよ！

登山やハイキングが盛んな地域だと天気予報で山の天気も伝えることもあるのよ

つづいて登山情報です

平地の天気に山特有の気象条件を加味して予報するの

ゴォォォォ

そもそも地形上山は天気が悪くなりがちだしね

山のレジャーって大変なんですね

山はこわいのよ

なめたらダメよ！！

そうねー でも…

苦労して頂上に立ったとき

心から感動するのよ

山だけじゃなくて川や海でも安全に楽しむためには気象情報は大事だけどね

たしかに！

バーベキューやるならむしろそっちですよね

うんうん

あっ

飛行機雲

いつも こうなの？

はい…

飛行機も

天気の影響 受けます よねー

昔　飛行機に 乗ったとき 着陸できなくて 元の空港に 戻ったことが あるんですよ！

ゴーン

安全の ためには しょうが ないわね…

また怒ってる…

旅行 台なし！

飛行機に まつわる現象は ちょっと特別で…

気象庁では飛行機が安全かつ効率的に運航できるように

航空気象情報を提供してるんだけど

飛行中に乱気流や雷にあったら困るし

激しい雷雨や雪雲 濃霧などで視界が悪いと離着陸が危険になっちゃうでしょ？

だから離着陸する飛行場の気象と

飛行経路の気象という主に２つの情報を提供しているの

具体的な情報の中身はこんな感じよ

おーー、

飛行場の気象情報

- 視程（視界）
- 風の強さや向き
  （雲のかかり方）
- 激しい雷雨の有無
  など

飛行経路上の気象情報

- 経路上の天気
- 風や気温
- 台風
- 乱気流の有無
- 積乱雲の有無や量
- 火山灰の有無
  など

こういう情報を基にして

なるほど“ーー

搭載する燃料量や飛ぶ高度コースなどを決めているの

でも
飛行中には
見つけにくい
気象現象も
あって…

例えば…

晴天乱気流！

まともに
突っ込むと…

えー
どうなるん
ですか！！

急上昇
急降下
して…

シートベルト
してないと
大変な
ことに…

気象知識の利活用

天気をあまり気にせずに日常生活を送れる現代社会ですが、
農業や運輸交通関係、屋外スポーツなどは気象の影響を大きく受けます。
ここでは、様々な分野での気象との関わりを紹介します。

気象知識の利活用でビジネスや趣味のレベルアップを

　現代社会では、雨の日でも車や発達した地下街網を利用すると、傘なしでも目的地に行くことができるなど、天気をあまり気にせずに生活できる環境整備が進んでいます。

　その一方で、農業は気象・天候から大きな影響を受け、公共交通でも、大雨、強風、降雪などの悪天時には運行に支障が出て、利用者に多大な影響を与えます。また、漁業や、釣りなどの海のレジャー、ダイビングやヨットなどのマリンスポーツは、海の状況を読み違えると、命に関わる大事故につながることもしばしばです。ウインドサーフィンなどは多少の高波が好まれますが、「多少」の範囲に限られます。このほか流通・小売業、飲食業でも売れ筋商品が天気・天候の影響を大きく受けます。具体的にいくつか例を見てみましょう。

●農業

　ハウスでの管理農業が行われているとはいえ、現在でも露地栽培が主流で、水不足、日照不足、異常高温・低温、季節外れの遅霜などにより、大きく収穫量が落ち込みます。逆に、天候が良すぎても収穫量が多すぎて、市場でさばけ

ない分を廃棄処分せざるを得なくなるなど、天気・天候の状況次第で収穫量が変動する産業です。

●コンビニエンスストア

　店頭品揃えでは、アイス類の場合、気温が15℃を超えると売れだし、気温が25℃を超えると売り上げが伸びるとか、おでんの場合には、夏場の気温から、最低気温が20℃を下回ると良く売れるようになるなど、経験的なノウハウがあります。また、弁当類の仕入れ数なども、天気の影響で来客数が変動するため、仕入れ個数を調整して廃棄数を減らしたり、品切れ状態を回避したりすることができれば収益の向上につながります。

●弁当業者

　東京ドームとなる以前の後楽園球場では、雨のときは試合が中止となるため、弁当業者にとっては前日の天気予報は必須でした。ドーム球場となって、このような苦労はなくなりました。ただし、天気の心配がない日でも、巨人軍が相手球団と点の取り合いを演じる接戦となると、観客の目は試合の成り行きに釘付けで弁当どころではなくなり、用意した弁当が大量に売れ残ったという話を聞いたことがあります。弁当業者も、勝敗予想までは難しいですね。

　Part 4 では、気象が大きな影響を及ぼす農業、電力、鉄道、航空について、項目を分けて詳しく解説します。また、山岳の気象についても紹介します。このほかにも、気象の予測データをうまく利活用できれば、レベルアップした対応が可能となる分野が多くあります。

まだまだ利活用が見込まれる気象データ

　気象の影響が大きく、それを的確に予測できれば安全確保、収益改善に役立つ産業やスポーツは数多くあります。しかしながら気象の予測データをビジネスに生かす取り組みはほとんど行われておらず、従来通りの経験と勘に頼るやり方や、平年値を基準に暦通りの対応を行っている業種がほとんどで、気象データの有効な利活用は進んでいません。

　政府が主導して、2016年に社会や産業の生産性を高めることを目的に「生産性革命プロジェクト」が立ち上げられました。気象庁も2017年から「気象ビジネス市場の創出」というテーマでこれに参加することとなり、「気象ビジ

ネス推進コンソーシアム（略称：WXBC）」を通じて気象データの利活用の推進を図っています。

気象に関する基礎・応用研究の進展や、コンピュータの処理能力の飛躍的な向上で、最近の気象予測の精度の向上はめざましいものがあります。また、IoTやAIなど技術は日進月歩で進歩しており、これらの技術を駆使すれば、個々の事業者が望むことがらについてきめ細やかな気象予測を提供することも可能になってきました。製造・販売業、電力、アパレル、農業、保険、物流、小売、観光など多くの業態で、気象データの利活用についての技術開発が進められています。

WXBCのフォーラムなどで発表された技術開発事例を少し紹介します。

新幹線車台部着雪量予測	降雪が多いと車両の車台部に多量の着雪が生じる。着雪を取り除くための要員確保やダイヤの遅延が必要となるが、前日の気象予測によってロスを最小限にすることができる。
水資源需要予測	貴重な水資源の有効活用のため、気象データを用いて最適な造水量を予測し、余分な造水を防ぐことで、電力使用量の削減や水資源の有効利用などが期待できる。
天候デリバティブ保険商品の開発	海外進出企業では、気候変動の進展で天候リスクのヘッジ（回避）ニーズが高まっている。地上観測データが無い地域でも衛星データを用いて、鉱山開発事業における降雨による工期遅延リスク、養殖事業における海水温上昇によるリスク、電力小売業における猛暑・冷夏による販売変動のリスクなどに対するヘッジを行う。
商品前線	全国の店舗での購買動向データから、春から北上する「焼肉のたれ前線」など、特定商品の購買が増加する「前線」を解析し、近い将来の状況を店舗に提供する。
頭痛ーる（頭痛持ちを中心とした体調管理アプリ）	気象の観測・予測データを用いて頭痛が起こりやすい気象条件となることをスマートフォン用アプリで利用者に通知する。
気象情報を加味した競馬予想アプリの開発	気象変化で生じる馬、コース、騎手への影響を取り入れた、より高度な競馬の勝ち馬予想を提供する。

WXBCでは、企業におけるビジネス創出や課題解決ができるよう、気象データの知識とデータ分析の知識を兼ね備え、気象データとビジネスデータを分析できる人材である「気象データアナリスト」の育成に努めています。そのために「気象データアナリスト育成講座」を開催し、それを気象の影響を大きく

受ける企業の従業員などに受講してもらい、一定のレベルを獲得した受講者を
「気象データアナリスト」として認定しています。今後、気象データアナリス
トが、いろいろな分野で即戦力として活躍し、業務に大きく貢献することが期
待されています。

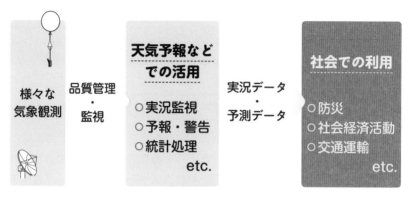

気象データの利活用を進める上での課題

　気象データの産業などでの利活用を進めようとする取り組みは、徐々に進展
していますが、よりよい利活用のためにいくつかの課題があります。

　第1には気象予測の精度向上です。最近の気象に関する研究の進展や、AI
技術などの進歩で、数日以内の予測精度は格段の向上を遂げていますが、1週
間を超える期間の予測はまだ不確実性を伴います。予測精度の一層の向上が期
待されています。

　第2には確率予報を適切に利活用する上での課題があります。現在の技術レ
ベルでは、予測期間が長い予報を行う場合、「確率予報」の形式で予報が発表
されます。例えば、気温予報の場合は、「平年より低くなる確率20%、平年並
みとなる確率30%、平年より高くなる確率50%」といった具合です。ここで
示した確率予報の意味は、予報を100回出した場合、実況で平年より低くなる
のが20回、平年並みが30回、平年より高くなるのが50回ということです。予
測精度の限界から、予報が確率表現となるのは致し方ないことですが、これを
どのように利用すれば良いかは難しい問題です。ある自転車販売店では、「降
水確率40%以上のときは店頭に自転車を並べずに、店内に収容したままにし
ておく」のだそうです。これも確率予報の1つの利用法でしょう。

（大西晴夫、岩田修　p.174〜177）

農業気象

農業は気象の影響を強く受けるといわれます。
作物への影響もありますし、農作業も天気の影響を強く受けます。
具体的に、どのような影響があるのか見ていきましょう。

農業と気象の深い関係

　日本各地で、その地域の気候に合った作物が栽培されています。台風など極端な気象現象にあうと露地作物はひとたまりもありません。日常生活でも外出時の傘の携帯や週末のレジャー計画のために天気予報を見ますが、それはその日だけに必要な判断です。しかし農業では、過去数日間の天気を踏まえた上で、その先数日間の天気予報を見て栽培管理のストーリーを描きます。農家が週間天気予報を毎日チェックするのはそのためです。

スケジュールのための気象データ

　種まきの季節がやってきたとします。種をまいたら散水しますが、広大な田畑では大変な労力や設備が必要となります。ですが、数時間の降雨は労せずして均一で効率よい散水作業をしてくれます。一方、種を洗い流してしまうような激しい雷雨は避けなければなりません。種まき日までのスケジュールは、適度な雨が降る日に向けた農地の準備作業となります。

　種まき前にはトラクターなどで土を良く耕しながら堆肥や肥料を投入しますが、土に水分が多いと粘土をこねたときのように乾くと固まってしまい、作物が生育できない土になってしまいます。耕すときの土は適度に乾いている必要があり、農家は過去の雨量と土を耕すときまでの晴れの日数や気温から、作業が可能かどうかを経験的に判断しています。

風と農業

　農薬散布は作物を病害から守るための大切な作業ですが、ミストは風に流されやすく、隣の農地の作物や人家の洗濯物などにかかると大きな問題となります。また最近はドローンで肥料や農薬を散布することもありますが、3 m/s以

上の風では安定した散布ができません。

　ハウスの屋根に大きなビニールを被せる場合や［資料103］、ビニールマルチ（土壌の乾燥防止や地温上昇用）を敷設する場合などは、風が強いと作業ができません。朝の時点で風が弱くても昼前頃から急に強くなることもままあります。気象庁などからの情報により、風の大まかな予想は数日先まで可能なので、作業スケジュールの組み立てに利用されています。

[資料103] 風の強い日にはビニール交換の作業は危険

気温と農業

　桜の開花は、ある基準日から出発して、一日の平均気温を順次積算した数値である積算気温に依存していることが知られています。農業にとっても有益な手法と思われるかもしれませんが、特殊な場合を除いて一般農家はほとんど使いません。数日以上先の将来予測のためには精度が悪い上に、その農地での気温観測（予測）が必要なことから、利用へのハードルは高いようです。実際には経験豊かな農家が、作物の生育過程を詳細に観察して判断する方が確実だと考える人の方が多いようです。

地図上の1km四方のマス目の領域の気象データ

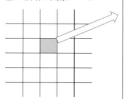

1kmメッシュ内の平均値ではあるが、気温・雨量・日照など多気象要素の推定値が得られる。

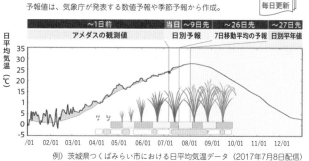

[資料104] 農研機構が提供する「1kmメッシュ農業気象データ」（グラフ：農研機構提供）
対象の農地が気象観測所（アメダス）から離れていても、農地が属するメッシュごとに過去から現在までの観測値（推定値）や今後の予報値を得ることができる。作物の開花時期や収穫時期の予測といった栽培管理に利用することが可能。

とはいえ、経験による判断は誰にでもできることではないですし、現代の気象予測は経験による延長予報よりも精度が高いことは明らかです。農地ごとの気温推定（予測）方法の開発や利活用促進への取り組みはすでに始められていて、代表的なものに「1kmメッシュ農業気象データ」（農研機構）があり、ネット公開されています［資料104］。

確率予報の利活用

作物の生産量は、生育期間の気候と投入する肥料の量で決まるといっても過言ではありません。種まきをする時点で肥料の投入量を決定しようとすると、収穫までの3カ月間の気温や雨の予想が欲しくなりますが、季節予報は確率予報であり、「当たらない」という悪いイメージがあります。確率情報は繰り返し利用することでメリットが出ると解説されますが、1年1年が真剣勝負の農家が利活用するにはリスクが高く現実的ではありません。結局のところ例年通りという無難な施肥設計をすることになりがちです。

一方で確率情報を上手に利用できる場面もあります。台風が発生した場合、予報円の大きさに応じて農家は台風対策を始めますが、予報円が大きいときは対策の段取りを確認する程度とし、台風が接近して予報円が小さくなるにしたがって、具体的な対策を始めていきます。ここで重要なのがリードタイム（予報対象期間までの長さ）です。対策内容によっては数日程度の時間がかかる場合があり、慌てずに済むよう、対策のための事前準備を確率に応じて逐次進めていくことで、リードタイム内での効率のよい対応が可能となります。

農業と観天望気

観天望気（→p.36）では、「夕焼けに鎌を研げ」といったことわざや、山の斜面に見える残雪の形で種まきの時期を知るなどの伝承が有名です。前者は翌日の天気を予想するものですが、現在の天気予報の精度が十分高いためほとんど利用されていません。一方、残雪の形や生物季節は、過去の一定期間の気候の積み重ねが反映されたものであり、将来の気候を直接予測するものではありません。種まき時期の参考にはなりますが、肥料の投入量については何も教えてくれません。

農家が参考にする栽培暦ですが、これは長年の経験則を基に、いつどんな作業をすべきかを暦にしたものです。この暦は、平年と同じ気候が今後も続くとしたときには有効ですが、現代の気候変動の影響を考えると、そのまま使うに

はリスクがあることが分かります。長い年月で培われた暦であり、栽培手順など今でも大いに参考になりますが、鵜呑みにして利用するのではなく、気候変動を加味して読み替えて利用する技術が必要でしょう。

局地気象の対策

　農地は広大な平野にある田や畑ばかりではありません。日本の国土の大半は中山間地であり、そこにも多くの農地があります。気象条件は地形的な要因により農地ごとに大きく異なり、気象と生育の関係を知ろうとしても、正確な観測データがありません。通常は最寄りのアメダスのデータを参照しますが、わずか数kmの距離でも周辺環境で気温は大きく異なります。露地での気温観測は意外に難しく、農業用としてよく目にする自然通風式シェルター気温計［資料105］は、晴れて風の弱い日は5℃以上高めに観測してしまいます。これを基にした積算気温ではまったく参考になりませんから、その癖を知った上で読み解く必要があります。

[資料105] 自然通風式シェルター気温計

　また、地域によって様々な局地風があり、台風接近時の風は天気予報で発表される風速よりも数倍の強さになる場合もあります。ハウスなどの施設栽培では、強風に対する適切な対策のために、局地風の正確な予測技術が不可欠です。気象会社から発表されるポイント予報でも、この局地的な気象を表現することはできませんから、経験や過去の事例に基づいて準備する必要があります。

気象データの利活用に向けて

　作物の生育は多くの要因が複雑に絡み合って決まるものです。前述したように大きく分ければ気象と土壌でしょう。農家は作物の生育が悪くて原因がよく分からないときには、制御不可能な気象のせいにしてしまうことがあります。これでは不作の原因はいつまでたっても分かりません。日頃から作物の生育と気象との関係をしっかり押さえておくことで、不作が土壌要因かどうかの判断ができ、正しい対策が可能となります。今は気象データを簡単に入手できる時代になり、AIなどの解析ツールも整いつつあります。これからの農業では気象データの利活用が大変重要になってくるでしょう。

（廣幡泰治　p.178〜181）

生活に密接に関係した気象の世界

電力と気象

「でんき」と「てんき」は一字違いです。
言葉が似ているからという訳ではありませんが、
実際に電気と天気には密接な関係があります。

電気と天気の深い関係

　発電所で作られた電気は、送配電線や変電所などを通して消費者へ送られますが、これらの電力設備は常に自然環境にさらされています。そして様々な気象現象の中で電力設備にとって最大の脅威のひとつが台風です。

　2019年の台風15号は9月9日千葉市付近に上陸、千葉市では最大瞬間風速57.5m/sという観測史上1位の暴風を記録しました。倒木、飛来物等により約2,000本の電柱が折損・倒壊、局所的な暴風によって鉄塔2基が倒壊するなど大きな被害が発生、さらに道路の寸断等もあって停電が長期化しました。

　電力会社では、台風の襲来が予測されると、事前に進路、速度、最大風速、雨量など、気象情報と首っ引きで、進路にあたる電力設備の事故を想定し、対策を検討します。電気の流通設備では送電系統を切り替えてルートの多重化を行い、発電所では発電機出力を調整して電力量の大きな送電線の電力を減少させ送電線事故時の影響の縮小化を図ります。さらに、万一の設備トラブル時に即座に復旧対応ができるよう、職員や作業員の待機体制、復旧工具や電源車の手配など準備をしますが、それでも設備事故をすべて回避することは困難です。

　しかし、こうした被害事例、復旧活動と対応策の蓄積は貴重な財産ともなります。気象は電力関係者が深化していくための師匠といえるのかもしれません。

鉄塔倒壊

倒木による
設備損傷①

飛来物による
設備損傷①

［資料106］2019年台風15号設備被害（東京電力パワーグリッド㈱プレス発表資料）

気象による電力への影響はますます大きく

電気には生産と消費が同時に行われるという性質があります。このため、電力の需給運用では需要面で暑さ寒さの影響、供給面で日照や風など気象現象の影響を直接受けることになります。そして気象警報のように、電力でも厳しい需給状況が予想され、停電のリスクが高まる（供給予備率が3％を下回る見込みになる）と、経済産業省から電力需給ひっ迫警報が発出されます。

2022年3月22日、初めて東京電力エリアに電力需給ひっ迫警報が出ました。これは、3月16日の福島県沖地震による火力発電所の停止などの大幅な供給力減少に加え、22日の気温が予想に比べ大きく低下したためです。当日は悪天候の影響もあり電力需要が増加、一方、太陽光発電の供給力は大幅減少しました。

そこで火力発電所の増出力や自家用発電設備の焚き増し（出力を上げた運転）、他エリアからの電力融通などの緊急対策に加え、揚水発電をフル稼働しましたが、揚水発電所上部池の発電用水の枯渇が懸念される事態となりました。このため、マスコミ等を通じた節電の協力依頼を繰り返し行うことで何とか需給バランス（最大需要4,514万kW、使用率100％）を維持することができたのです。

近年、電力設備の余裕が少なく、増大する太陽光や風力といった自然エネルギーは気象の影響を大きく受けます。気象の変動による電力需給への影響はますます大きなものとなっていることから、今後の電源構成のあり方はとても重要です。

4

生活に密接に関係した気象の世界

もっと知りたい！

天候によって太陽光発電の出力は大きく変化する

2022年3月22日は関東全域で日照がほとんどなく、東京電力管内の太陽光発電量の最大値は175万kWでした。翌23日は午前中を中心に晴れ、太陽光発電の出力は1,253万kWまで増加しました。このように太陽光発電は近年の電力需給バランスに大きな影響を与えています。

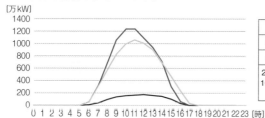

	最大値	発電量
3月22日	175万kW	1,189万kWh
3月23日	1,253万kW	7,765万kWh
2021年3月16日〜31日の平均	1,075万kW	7,208万kWh

[資料107] 東京電力エリアの3月22日（青）、23日（赤）、2021年3月16〜31日の平均（緑）の太陽光発電量の実績（経済産業省資源エネルギー庁第52回電力・ガス基本政策小委員会資料）

（石倉清光　p.182〜183）

山岳気象（登山を中心として）

今も昔も毎年のように山での遭難事故が起きています。
遭難事故に遭わないようにするためには、
「平地と違う山の天気」について知っておくことが極めて重要です。

平地と違う山の気象条件

　山の遭難事故原因としては、道迷いが最も多く（約4割）、転倒、滑落、病気、疲労などの順で、これらの合計で遭難事故全体の約9割を占めています。この中には悪天候や山岳での厳しい気象条件が間接的に寄与したと考えられる遭難事故も多く、安全な登山には気象の知識が大切といえるでしょう。

●気圧

　高い山ほど気圧が低くなることは、まず知っておきたい現象です。だいたい、2,000mの山では800hPa（平地の80%の気圧）、3,000mの山では700hPa（同70%）になります。さらにアフリカ大陸の最高峰のキリマンジャロ5,895mでは500hPa（同50%）、世界一のエベレスト8,848mでは約350hPa（同35%）の気圧になります。気圧が低いということは空気の密度が低いということなので、体積当たりに含まれる酸素の量も気圧が低くなった分だけ減ります。つまり3,000mの山に登ると、体積当たりに含まれる酸素の量は平地の70%に減ってしまうのです。これが後述する高山病の原因になります。

●気温と風

　次に知っておきたいのは、山では平地より気温が低く、強い風が吹くことです。ともに厳しい条件では低体温症をもたらします。北アルプスなどの中部山岳の実測では標高1,000m当たり約6℃気温が下がる（注：国際標準大気では6.5℃）ので、3,000mの山に登ると平地よりも18℃も気温が下がることになります。また、地面との摩擦の影響を受けないこと、高度とともに偏西風が強まることから、山では平地よりも強い風が吹きます。エベレストの頂上は、亜熱帯ジェット気流の通り道になっているため、平均風速50m/s以上の猛烈な風が吹いています。現在、エベレスト登山隊は希少な風が弱まる時期・タイミングを見計らって頂上を目指すため、エベレスト登山道ではいつも大渋滞が起きています。

山では平地より天気が悪いことが多い

　一般的に、山では平地より早く天気が悪化して、平地より天気の回復が遅れる傾向があります。その理由は、天気の悪化は低気圧によることが多く、低気圧は温暖前線と寒冷前線を伴っており、先に通過する温暖前線面は高度とともに進行方向に傾いており、後から通過する寒冷前線面は高度とともに進行方向と逆の方向に傾いているためです(→p.104)。平地では線で通過していく前線ですが、山では面として影響を受けるため、山では平地より悪天候の時間が長くなります。

　山では太陽が昇って気温が上がってくると、麓の方から谷風が吹きます。麓の空気が湿っていると、谷風とともに雲が山の斜面を昇ってきます。大気の状態が不安定なときは、この雲がさらに上昇して積乱雲にまで発達します。このように谷風が吹く分だけ、山の天気は平年より悪化しやすいのです。そして、特に中部山岳では夏の暑い日に熱的低気圧（→p.112）ができるため、昼頃から夜の初めにかけて雷雨になりやすい特徴もあります。

登山の気象リスク

　このように平地と違う山の気象条件では様々なリスクがあります。気圧が低いことによって起きる高山病はその典型です。頭痛や吐き気などが初期症状ですが、悪化すると脳浮腫・肺水腫など死に至る恐ろしい病です。決して軽んじることなく、無理せず下山しましょう。標高2,000m以上（高齢者は1,500m。子どもも注意）で発症するといわれますが、多くは人体が高所に適応するより速く登ることによって発症します。

　平地より発生しやすい山の雷もリスクの1つです。夏山の雷を避けるための大原則は「早立早着」です。できるだけ昼頃までに行動を終えるようにしましょう。そして雷は高い所に落ちる性質があるため、雷鳴が聞こえたら、直ちに稜線から降りて、木から4m以上離れましょう。

　雨、風、低温の条件が重なることによる低体温症にも注意が必要です。夏山でも低体温症による遭難事故が起きています。2009年7月北海道のトムラウシ山遭難事故がその典型です。大きな原因はガイドの「麓の予報では晴れるので、天気は回復するだろう」という思い込みでした。また、トムラウシ山は遠くから見るとのっぺりとした起伏のあまり無い形状の山のため、風を避ける場所がなく、低体温症になりやすいという条件も重なりました。

　その他、強烈な紫外線による日焼け・雪盲にも注意が必要です。

（大矢康裕　p.184〜185）

鉄道と気象

鉄道は、台風、大雪、大雨、強風など気象から大きな影響を受けます。
鉄道事業者は防風柵の設置や斜面補強などのハード対策と、
運転規制などのソフト対策を行い、災害を最小限に食い止める努力をしています。

鉄道防災の特徴と運転規制

　交通機関における鉄道の特徴として、線路などの設備の多くを事業者が管理していることがあります。設備を維持したり、運転規制をしたりするための風速計、雨量計、積雪深計などの観測機器の多くは、鉄道事業者が独自で線路の周辺に設置しています。

　災害や事故を防ぐため、鉄道事業者は、降雨量、瞬間的な風速、積雪などの観測値により徐行運転や運転見合わせなどの運転規制、除雪作業、設備点検な

[資料108] 山形県酒田市に設置されたドップラーレーダー（JR東日本提供）とその仕組み
上空の渦を探知し、追跡して管轄（半径60km内）にある路線に突風が予測される場合に、運転を停止する仕組み。

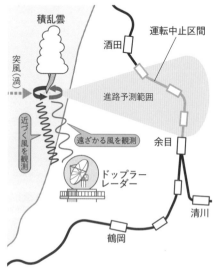

どを行うルールを定めています。観測値が定められた値（規制値）を超えた場合は、必ず徐行運転や運転見合わせなどの運転規制を実施します。規制値は設備によって異なり、防風柵の設置や斜面補強などにより、災害に対する強度を高める取り組みも行っています。

　観測機器は、従来は一定の間隔で設置された風速計や雨量計などが用いられてきましたが、それでは防げない災害もあることから、近年はレーダーも使われるようになってきました。2005年に発生した羽越線事故（突風による脱線）の後、JR東日本と気象庁気象研究所が共同でドップラーレーダーを使用して突風を探知し運転規制をする手法を開発、実用化されています［資料108］。また、局地的な豪雨への対策として、一部の鉄道事業者では、気象庁などのレーダー観測の雨量を使用した運転規制も行われるようになってきました。

　運転規制を実施した場合、観測値が規制値を下回る頃から設備の点検を行い、安全が確認されてから運転再開、通常速度で運転となります。このため、設備が被災していた場合などは、運転再開まで時間がかかることがあります。

大きな災害が予想されるときは「計画運休」

　雨・風・雪などの観測値が規制値を超えると運転規制が行われますが、発生してからの対応だけでは、駅間や途中駅で運転見合わせが発生したり、各地で踏切が長時間開かないなどの混乱が起こったりして、影響が大きくなってしまうことがあります。このため、台風の接近や大雪などが予想されるとき、大都市圏でも「計画運休」が行われるようになってきました。気象予報を活用し、規制値に達する前にあらかじめ運行計画を発表します。気象庁の予報のほか、鉄道事業者と気象情報会社の契約によるきめ細かな予報も多く活用されています。

　計画運休は鉄道事業者の取り組みですが、2018年の台風第21号や第24号の甚大な被害を教訓に国土交通省が取りまとめるようになり、各社の考え方に大きな差が出ないようになってきました。2019年に国土交通省から報道発表されたタイムライン（防災行動計画）のモデルケースとしては、台風接近の2日前に計画運休の可能性を発表し、前日に運行計画の詳細（計画運休を開始する時刻など）を発表することになっています（予報が難しい場合などには発表タイミングが遅くなったり、発表後に内容が変わったりすることがあります）。

　計画運休は、鉄道事業者に限らず、鉄道利用者や企業・学校などにとっても、タイムラインに反映できる取り組みです。臨時休業やリモートワークに変更などの判断が事前にできるようになるからです。

「急がば回れ」特急サンダーバード

　レールの上しか走行できない鉄道において、航空機のように気象予報を基に影響を受けそうな場所を避けて運行する「う回」は難しいものです。しかし、運転する経路の変更は行われている所があります。

　回り道する方が得策であるときに使う「急がば回れ」という言葉は、滋賀県で生まれたといわれています。琵琶湖の北西には比良山地など急峻な山が連なり、「比良おろし」などといわれる強い局地風が山麓や琵琶湖に吹くことがあります。旧東海道の草津と大津の間は、琵琶湖が荒れるときには最短経路の船より陸路で瀬田にある橋をう回する方が得策であるというのが語源です。

　この滋賀県において、現代では、大阪と北陸を結ぶJR西日本の特急「サンダーバード」や一部の貨物列車で「急がば回れ」が行われています。通常、大阪と北陸を結ぶ列車は琵琶湖の北西側を走行する最短経路の湖西線を経由していますが、強風が予想されるときや発生したときには、琵琶湖の東側の米原を経由するう回運転を行います［資料109］。

　鉄道防災では従来はハード対策が中心でしたが、気象予報の精度が高まるとともに、ソフト対策も計画的に行われるようになってきています。

（岡留健二　p.186〜188）

[資料109] 琵琶湖のう回ルート

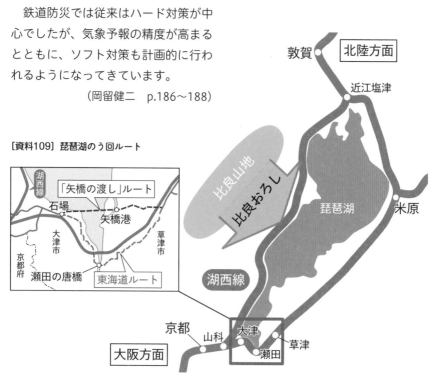

航空と気象

大気に支えられて飛行する航空機にとって、大気の振る舞いである
「気象」の影響は直接的であり、顕著です。
航空気象は「飛行の安全」を確保することが最大の目的です。

航空気象は運用する航空機の性能や運用限界および関係規程と密接に関係します。ここでは民間のジェット旅客機を対象に航空気象の概要を解説します。※なお、計量単位は、高度はフィート（ft）、速度はノット（kt）を用います。1 ftは0.3048m、1 ktは1.852km/h（0.5144m/s）。時刻は日本標準時を用います。

航空機運航

民間航空では、国際標準に準拠した国の定める基準の範囲内で運航が許容されます。離着陸のための最低気象条件はその一部で、滑走路視距離や視程（→p.61）などによって設定されています。

航空機運航の業務は、飛行計画と飛行の実施に大別されます。航空機運航の最大の特徴は、滞空時間は搭載燃料に拘束されることにあります。計画の段階では、航空機の有する高い機動性によって飛行障害現象を大きく迂回したり高空を飛行したりして、それらを回避する幅の広い自由度があります。一方、飛行が開始されると自由度は残燃料の範囲に限定されます。航空機運航では、搭載燃料量を算定する計画段階における気象の予想が重要です。

航空気象の2つの視点

航空気象では、離着陸する飛行場の気象と、飛行経路に沿った気象という異なる2つの視点があります。前者は、就航の可否判断や搭載燃料量などに密接に関わります。悪視程、横風強風、激しい雷雨、滑走路面の積雪や氷結、低層ウインドシア（離着陸に影響を及ぼす低高度の風の急な変化）などが主な飛行障害現象であり、低気圧、前線、シアライン（風ベクトルが急変している所を結んだ線）等々がその主な原因となります。後者は、飛行経路の選定や巡航高度の選定に関わります。晴天乱気流、台風、発達した積乱雲群、火山灰などが主な飛行障害現象です。

航空気象の実際

飛行場の悪天現象

　2019年7月4日に寒冷前線が羽田空港を通過した事例を示します。寒冷前線が通過した11:02〜11:30の間に、羽田空港では地上風が西南西の風（平均風速20kt）から北西の風に変化し、気温は2℃低下しました。

　[資料110] は当日9時の様子で、Aは地上の総観天気図、B、C、Dはそれぞれ同時刻の850hPa高層天気図、アメダス観測に基づく局地解析図、気象レーダー観測による降水強度分布です。総観天気図に示されている停滞前線（梅雨前線）は、局地解析の領域では風と気温の不連続を伴って南下する寒冷前線

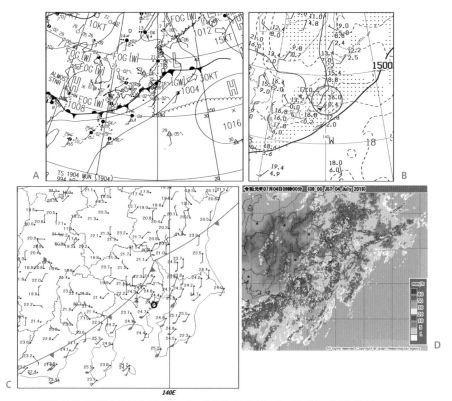

　[資料110] 2019年7月4日09時のA：地上総観天気図、B：850hPa高層天気図、
　C：局地解析図、D：気象レーダー観測による降水強度（気象庁HPより）
　B：赤円内は館野（つくば市）の観測　短矢羽根は5kt、長矢羽根は10kt、ペナントは50kt、
　　　上段の数値は気温（℃）、下段の数値は湿数（℃）、等値線の4桁の数値は850hPa面の高度（m）
　C：短矢羽根は1m/s、長矢羽根は2m/s、ペナントは10m/s、数値は気温（℃）、○は羽田空港

として解析しています。また、館野（つくば市）の下層大気には60kt（✓）の南西風の下層ジェットが現れており、多量の水蒸気が関東地方一帯に輸送されている様子が見られます。このような状況の下で、気象レーダーは前線に伴う強い降水域を捉えています。

羽田空港では飛行障害現象として、前線の通過に伴う低層ウインドシア（この事例では、着陸機にとって追い風から向かい風への急な変化）や活発な対流現象による1時間30㎜を超える強い降水強度と悪視程が一時的に発現しました。また、進入域における比較的強い乱気流への遭遇が報告されています。雷電の観測はありませんでしたが、暖湿気団の流入で大気の安定度が悪化しており、飛行計画の段階では雷電の可能性も考慮されます。

なお、寒冷前線の通過で地上風は南西の強風から北寄りの風に急変していますが、このようなケースでは使用滑走路は南西向きの滑走路から北向きの滑走路に変更されます。これに伴って計器進入方式や到着経路も変更され、到着機の交通量が多い場合は経路上で空中待機することも想定されます。燃料搭載量は悪天現象の回避はもとよりこれらの運航条件を勘案して決定されます。

晴天乱気流

晴天乱気流は、積乱雲など雲を伴う乱気流とは異なり雲を伴わない乱気流であるため、目視や機上レーダーで捕捉することが困難です。このため、飛行中

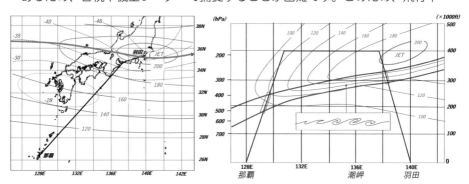

[資料111] 2013年2月21日09時の200hPa面における風速の分布と300hPa面における気温の分布（左）および飛行経路に沿った大気の鉛直断面図（右）

左：200hPa面における等風速線（青色細線、kt）と300hPaにおける等温線（赤色点線、℃）。
　　太い青色実線はジェット軸、黒色の実線は想定した羽田から那覇に向かう飛行経路
右：青色実線は等風速線（kt）、紫色実線は転移層の上面と下面、黒色実線は想定した巡航高度40,000ftと上昇、降下の飛行経路、赤色の長方形は想定される乱気流遭遇高度、図中のイラストは転移層内の強い風の鉛直シアによって生じる晴天乱気流の原因となる大気内部の波（ケルヴィン・ヘルムホルツ波）の模式図

その前兆も無く突然遭遇することもあります。晴天乱気流対策では飛行計画段階において大気の空間構造を把握しておくことが肝要です。

　2013年2月21日の事例について、羽田発那覇行きの飛行を想定してみましょう。[資料111]の左は、200hPa面における風速の分布と300hPa面における気温の分布で、羽田から那覇に向かう飛行経路も示しました。温度傾度の大きな部分が風の鉛直シアを強化している300hPa面の前線帯でこの上方にジェット気流が形成されています。

　同資料の右は、詳細な気象解析を行った結果として得られた飛行経路に沿う鉛直断面図で、等風速線と転移層（寒気団と暖気団が接触する上空の前線で下面よりも上面の方が高温である逆転層）を示しています。晴天乱気流の多くは、強い風の鉛直シアが内在する転移層に付随して発生します。この事例では、経路のほぼ全域に明瞭な転移層が現れており、巡航高度はこの高度帯を避けた40,000ftと判断されることになります。上昇中は30,000〜34,000ftで、降下中は25,000〜18,000ftで乱気流域（転移層）を通過しますが、乱気流の発生空間を予想しておくことで、乗客にシートベルトの確実な着用をお願いするなどの必要な対策を施すことができます。乱気流を回避できる高度が複数あれば、定時性や燃料消費量も勘案して巡航高度を選定することになります。

（吉野勝美　p.189〜192）

気象って、いろんな仕事とリンクしてて、いろんな人から頼りにされてるんだな〜。バイト先のコンビニでも店長が気にしていたしな〜。

今回の章で紹介されたのは、どれも人命や、私たちの生活に大きく関わる分野だよね。道路交通や船舶の運航でも、もちろん気象が大きく関わっていて、それぞれに特化して対策が取られているんだよ。

たしかに、私たちは大きな事故や騒動があったときにその関わりに気付くけど、それぞれの専門分野の人たちは、常日頃から対策を考えて準備しているってことですよね。ありがたや、ありがたや。

そうそう！　自然の猛威にはなかなかあらがえないけれども、起こってしまった事故から多くのことを学び、各分野と気象庁や気象会社が連携して、最善策をアップデートしながら考えているんですよ。

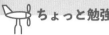

二十四節気

二十四節気ってなに？

　二十四節気という言葉を知らない人でも、テレビや年賀状で「立春」とか、お彼岸の頃の「春分の日」や「秋分の日」という言葉には出会っているでしょう。二十四節気は2,000年以上も前に中国で生まれた、季節の目印ともいえる言葉で、暦と深い関わりがあります。季節ごとの気象や自然の変化が言葉に表され、人々の生活に溶け込んでいました。日本には奈良（飛鳥）時代にすでに完成された形でもたらされ、現在も様々な行事や俳句などで親しまれています。

二十四節気の成り立ち
（二十四節気は季節を知るための目印）

　そもそも二十四節気の歴史は、大昔の人々が使っていた月の満ち欠けを基にした暦である陰暦に始まります。

　暦の普及していなかった時代、月は人々にとって便利で大切な暮らしの目印でした。その日の月の形で日にちを知り、月の位置で時間も分かりました。月は夜道を照らすばかりでなく、暦であり、時計でもあったのです。

　ところが、約29.5日で満ち欠けを繰り返す月の暦では、1年が約354日となり、年を重ねるにつれ季節にずれ

が生じて、大切な種まきの時期など農作業にも大きな支障が出てしまいます（そのまま使っていたら7〜8月に雪が降るくらいにずれてしまうことに？）。そこで中国では、閏月を設けたりしましたが、なかなか複雑で分かりにくく、その頃すでにエジプトなどで使われていた太陽暦（太陽の動きを基にした暦。B.C.3000 〜）から、24の季節の目印（指標）をつくって、これを陰暦に加えたのです。太陽暦は1年が365日（のちに365.24日）で毎年ほとんど季節のずれがなく、この目印により陰暦から生じる季節のずれを、適時認識することができます。

二十四節気の名前は
どうやってできたか？

　二十四節気のうち、まず初めにできたのが冬至と夏至です。1年のうち昼間の長さが最も短い日を冬至（12月22日）、長い日を夏至（6月22日）としました。3,600年ほど昔（B.C.1600）に始まった殷〜周の時代の頃といわれています。そして時代が進むにつれこの夏至と冬至の間に中間点（昼夜の長さが同じとなる日）を設け、春分（3月21日頃）・秋分（9月23日頃）と名付けました。これを二至二分といい、日の長さにより春夏秋冬の季節を代表す

る基準日が決まったのです（太陽暦では世界共通）。

　そしてさらにこの二至二分の中間の日を、立春（2月4日頃）・立夏（5月6日頃）・立秋（8月8日頃）・立冬（11月21日頃）と名付け、それぞれ4つの季節に入ったばかりの、季節が「立った（兆した）」時期としました（これを四立といい、中国独自の基準日です）。

　ところが、以上の8つの基準日（二至二分四立）ではまだ不十分なので、これをさらに細分し、3倍の24の基準日にしました。こうして二十四節気ができあがりましたが、8つ以外の新しい基準日、例えば啓蟄・清明などの名は、当時の中国（華北）の都・黄河流域辺りの気象に合わせて名付けられました。成立は中国の春秋～戦国時代（B.C.770～ B.C.221）といわれています。これが太陰太陽暦です。

　太陰太陽暦は、月の満ち欠けによる陰暦に時々閏月を挿入し、さらに太陽暦からの二十四節気を加えることで、陰暦の季節のずれを指摘し、季節に大きなずれが生じないようにした暦（旧暦）です。現在のグレゴリオ暦が採用されるまで、中国では2,000年以上、日本では明治時代の初め（明治6年）

二十四節気の名前

節気名	日付	内容（／以下は期日を表す）	節気名	日付	内容（／以下は期日を表す）
立春	2月4日	春の始まりの日／春の生まれる時期	処暑	8月23日	暑さが衰える時期
雨水	2月19日	降る雪が雨に変わる時期	白露	9月8日	草花に朝露が降り始める時期
啓蟄	3月6日	大地が暖まり冬ごもりの虫や蛙・蛇が穴から出てくる時期	秋分	9月23日	昼夜の長さがほぼ同じになる日／秋の中間の頃、秋の気配を感じ始める時期
春分	3月21日	昼夜の長さがほぼ同じになる日／春の中間の時期	寒露	10月8日	冷たい露が草木に降りて肌寒さを感じる時期
清明	4月5日	万物が明るく清らかで生き生きする時期	霜降	10月24日	霜が降り始める時期
穀雨	4月20日	春雨が穀物を育てる時期	立冬	11月8日	冬の始まりの日。この日から暦では冬となる／冬の気配を感じ始める時期
立夏	5月6日	夏の始まりの日／夏の気配を感じ始める時期	小雪	11月22日	日ごと寒さが増し野山に初雪が降り始める時期
小満	5月21日	いろいろな物が成長し作物が実り始める時期	大雪	12月7日	平地でも雪が降り、本格的な冬の到来を感じる時期
芒種	6月6日	稲など穀物の種をまく時期	冬至	12月22日	太陽高度が一年で最も低く、昼間の長さが最も短い日／冬の中間の時期（寒さはこれから）
夏至	6月21日	太陽高度が一年で最も高く、昼間の長さが最も長い日／夏の中間の時期（暑さはこれから）	小寒	2024年1月6日	寒さが厳しくなり始める時期
小暑	7月7日	暑さが厳しくなり始める時期	大寒	2024年1月20日	一年で最も寒さの極まる時期
大暑	7月23日	暑さが最も厳しい炎暑の時期			
立秋	8月8日	秋の始まりの日／厳しい暑さのなか秋の生まれる時期			

※日付は2023年。年により1日ほどずれる

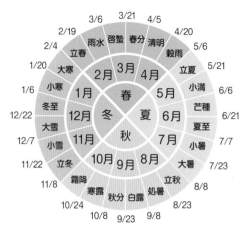

[資料112] 二十四節気図

本来、二十四節気の各々の名は日付と期間を表わしているが、日本では冬至・夏至・春分・秋分・立春・立夏・立秋・立冬は日付だけの意味に使われることが多い。

まで1,000年以上使われてきました。

二十四節気は太陽暦

二十四節気は何年経ってもほとんど日付けの変わらない（変わっても1日くらい）、シンプルな太陽暦といえます。

私たちは立春や春分、秋分を旧暦の太陰太陽暦の中で見つけるものだから、つい二十四節気を陰暦（月の満ち欠けを基にした暦）と思ってしまいますが、正真正銘、れっきとした太陽暦なのです。

二十四節気は日本の気候とずれる？ 近頃の新しい二十四節気の考え方

よく二十四節気は日本の季節とずれがあるので使いにくいと聞きます。確かに日本では立春や立秋を見ても寒さや暑さがピークの頃に当たり、実感として春や秋を感じるのはもう少し後といえそうです。

二十四節気は、天文学的に1年を

24等分したもので時刻まで限定される現象です。そこに、たまたま華北あたりの季節の名が付けられて広がり人々の生活に親しまれてきました。季節の訪れは年によって差がありますし、広大な中国では地域によってもかなり差があるはずです。中国では節気を日付けと期間で表す2通りの見方があるというのもうなずけます。

四方を海に囲まれた日本でも、季節の進み方に少しばかり差があるのも当然といえそうです。近頃は日本でも、ピンポイントとして天文的に意味のある二至二分（冬至・夏至・春分・秋分）を除く節気、すなわち季節の訪れを表す節気については、節気入りの1日だけに注目するのではなく、15日間の幅を持って考えるという見方が多くなっています。例えば、2023年では立春は2月4日で暦の上ではこの日から春が始まりますが、実際に春めいてくるのはこの日から雨水前日の2月18日までの15日間と幅があることになります。このように考えると季節がずれるという感覚も少なくなります。

二十四節気は
日本人の季節観を育んだ

やってくる季節を待つという日本人の季節観は、暦の季節が先行する二十四節気によるところが大きいと思われます。華北の黄河流域（太原、安陽、鄭州辺りともいわれるが河の流れは今と
<small>たいげん</small> <small>あんよう</small>
<small>チョンチュウ</small>
<small>ていしゅう</small>

違う可能性大）の、美しい自然の名前の付いた二十四節気を日常に取り入れながら、少しずれがあることで日本人は特に季節の訪れに敏感となり、細やかで豊かな季節感が育まれました。二十四節気は日本の文化に大きな影響を与え、その心は現代でも俳句などに生きています。

二十四節気のことわざ

- 暑さ寒さも彼岸まで
- 冬至冬なか冬はじめ
- 穀雨までに2回草を取れ（沖縄）

二十四節気に関連する気象の言葉

木枯らし一号	春一番
晩秋から初冬にかけて太平洋側の地域に初めて吹く北寄りの風である。冬の訪れを告げるものとして桜前線や春一番と同様、マスコミがつくり出した言葉といわれている。木枯らし一号が吹くときには日本海側は時雨、海や山は大荒れで遭難事故が起きやすいため注意しなくてはならない。気象庁では木枯らしの条件として以下を明示している。 ①気圧配置が西高東低の冬型である ②風が北寄り（西北西〜北）で風速8m/以上 ③吹く期間は、関東が10月半ば〜11月末まで、近畿地方が霜降（10月23日頃）〜冬至（12月22日頃）まで	立春を過ぎて初めて吹く強い南風で気象庁は、南寄りの風8m/s以上（地域ごとに少々違う）としている。低気圧が日本海を発達しながら通るときに吹き、全国的に大荒れとなるので春の嵐ともいわれる。南風で急に気温が上がるので、雪崩や洪水、フェーン現象にも注意が必要だが、この後すぐの、寒冷前線通過後の気温の急降下、北風、強風など、遭難にも注意が必要である。そもそもこの語源は漁師たちが海を荒らすこの時期の春の嵐を「春一」といって警戒していたことに由来するともいわれる「（実際に長崎県壱岐には江戸時代〔1859年〕に死者53人を出した海難事故の春一番の供養塔があり、民俗学者の宮本常一が発見）。

豆知識

桜前線

日本各地の桜（主にソメイヨシノ）の開花日や予想日を結んだ線をいいます。桜は温度に敏感で年により開花に多少差があるものです。前線は通常、南から北へ、高度の低い所から高い所へと北上していきますが、南関東が九州や四国より先になったこともあります。開花から満開までの期間は九州や四国・関東〜東海で7日ほど、東北・北陸地方で約4〜5日と北上するほど短くなります。なお、桜の開花予想はそれまでの気象庁に代わり、2010年から民間の各気象会社が行っています。

（石井和子　p.193〜196）

気象にまつわる
ショートストーリー

ところで
先輩って…

そもそも
なんで
気象予報士を
目指そうと
思ったん
ですか？

サンキュー

どーぞ

あー

それは
ですねー…

たしか
カバンに…

？

ちゅっちゅらー

これよ！！

ステキな
お天気

どんな話が載ってるんですか？

例えば…

文永の役の神風とはなんだったのか！

に、日本史ですかね？

元寇よ！！

鎌倉時代に日本に攻めてきた蒙古軍を追い返したといわれる暴風雨があったじゃない!!

そうでしたっけ？

あれは実際の気象ではどんな現象なのかってことがこの本に…

神風でいいんじゃ……

歴史的に重要な日の天気に関する問い合わせはけっこう多いんだよ

会社には
天気に関する
いろんな
問い合わせが
くるんだけど

ウグイスが鳴くのと
気温には関係が
あるのか？ とか

うわー
そんなこと
聞かれても…

ウグイスの初鳴き日と
積算気温には
強い相関関係が
あるという
研究結果があり

ということは…

え、
ゆかるん
や…

つまり!!

鳥は体内に
温度計を
持っている!!!

イエ

キャー

え、結論が強ぃ…

201

鳥といえば…

渡り鳥は上昇気流を利用して効率よく飛ぶんだけど

なかには台風などで流されて仲間からはぐれ…

ふつうは生息していない土地に着いちゃう鳥もいるよ

ここはどこーーっ。

めっちゃかわいそうなんですけど…

クックッ

ハハハ

おやおやずいぶんにぎやかですね

先生〜

ワーワー

みんなの天気ネタがマニアックで…

ほーそうですか

では
こういうのは
どうですか？

気象が
病気を
引き起こす
…

え…呪いとか…

フフフ

低気圧だと頭が
痛くなるって
聞いたこと
ないですか？

あり
ます!!

冬に脳血管
障害が増えたり
雨が続くと
関節が痛く
なったり

気温や気圧で
起きる体調の
変化は
多いんです

こ…こわい

やー
天気ネタって
本当に
おもしろい

気象の世界って
深いわ…

ちょっと
わかってきた
…かも

Part 5

源氏物語に見る
平安貴族の気象感

「源氏物語」のことはご存じでしょう。著者の紫式部は、
今から1,000年以上前の平安時代の宮中の女官です。源氏物語の中から
見えてくる、当時の人々の気象との関わりを見ていきましょう。

紫式部の時代の気候は割合に暖かった

　紫式部の生まれた年は西暦970年代頃ではないかといわれています。源氏物語の中にはたくさんの恋愛をはじめ様々な人間模様が描かれていて、今では世界的な文学となった物語には、たくさんの気象も描かれていて、現代の私たちには読むほどに、彼女が生きた時代の気象現象や天気図などを想像することができます。

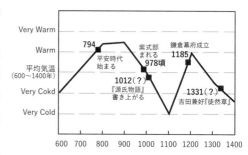

[資料113] 平安・鎌倉時代を中心とした日本の気温推定（M.M Yoshino著『Regionality of Climatic Change in Monsoon Asia』に基づき石井が作成）

　平安時代の気候は、温暖化の現在ほどではありませんが割合に暖かったといえそうです。平安時代の気候を正確に知ることはかなり困難ですが、参考までに文献などから推定のグラフをつくると、平安時代約400年間のうち前半は比較的暖かく、この間の温暖な気候の下、宮中の女性たちによる華やかな王朝文化が開花したと思われます。物語の夏の描写をいくつか見てみましょう。

わらわ病み…蚊の繁殖　〈「若紫」の帖より〉

　瘧病にわづらひたまひて、よろづにまじなひ、加持などまゐらせたまへど

　光源氏は人生最愛の妻となる幼い若紫に出会う時点で「わらわ病み」にかかっていました。これはマラリアのことで、マラリアにはいくつか種類があり、昔から日本で流行していたのはハマダラカによる「三日熱マラリア」で「瘧」と呼ばれるものでした。湿気の多い当時の京都はハマダラカの天国で、鎌倉時代末期にかけてマラリア蔓延の1つのピークがありました。藤原定家や藤原道長も、また「あつし、あつし」と死んでいった平清盛もかかっています。

氷…涼のとり方〈「常夏」の帖より〉

いと暑き日、東の釣殿に出でたまひて涼みたまふ。
（中略）大御酒まゐり、氷水召して水飯など

[資料114]　源氏物語
二十六帖「常夏」（1650
年発刊）釣殿の酒宴の
挿絵（国立国会図書館
HPより）

　池に面した釣殿で涼みながら、光源氏は親しい人々に
酒や氷水、また氷水をかけたご飯（水飯）などをふるま
っています。夏に平安の貴族たちが氷水のご飯を食べて
いたなんてびっくりです。そもそも氷は冬に洛北などの
氷室に貯蔵しておいたものを夏になって切り出し、その
量は1年で80tにもなったといいますから驚きます。
でも冬に氷のできが悪く（858〜887年の間など）、氷室
が空のときもありました（日本三大実録）。

　また「蜻蛉」の帖では、平安の姫君たちが暑いさなか
にきゃあきゃあ言いながら氷を額や胸に当てたり、食べ
たりしている様子も描かれています。

天才・紫式部の気象のセンス

　源氏物語を気象の目で読んでみると改めて作者の、観察眼、気象を取り込ん
だ物語の筋立ての巧さ、すべてが天才ならではと思わずにはいられません。雪・
大雨・台風などが物語の中で重要な役割を果たしていて、紫式部の気象を見つ
めるまなざしの正確さや鋭さに驚かされます。1,000年前の天気図が浮かんで
くるのです。そして描写にはまったく間違いが無いのです。源氏物語を読めば
読むほど、時代こそ違いますが、1,000年前の人々も現代の人々も思うこと、
感じることなどはすべて同じなのだと思うに至ります。

梅雨明けの天気図が分かる描写〈「帚木」の帖より〉

長雨、晴れ間なき頃、（中略）つれづれと降りくらして、しめやかなる
宵の雨に（中略）からうじて、今日は、日の気色も直れり

　梅雨の雨が降り続く夜、宮中に逗留していた男性たちが夜を徹して女性たち
を品評する「雨夜の品定め」で語り合った翌日、朝から晴れた様子が描かれて
います。おまけに光源氏は急な暑さにぐったりします。そしてその後ずっと炎
暑の続くことからこの朝が梅雨明けであったことが分かります。そして、この
ときの梅雨明けのパターンまで分かるのです。太平洋高気圧が強くなり、梅雨
前線を押し上げておよそ10日間晴れが続く「梅雨明け十日」の形が見えてき
ます。

（石井和子　p.204〜205）

文永の役の神風論争

鎌倉時代中期の「文永の役」で神風が日本を救ったという逸話は
有名で、慣用句のように使われています。
実際にはどうだったのか、気象の記録から考えてみました。

文永11（1274）年10月（旧暦）、元（蒙古）の船団が朝鮮半島南部の港を出航しました。蒙古軍、高麗軍、その他こぎ手などを加えた総勢4万人弱、900艘の大艦隊が、その圧倒的な戦力で対馬・壱岐を制圧し、伊万里湾周辺の集落を襲い、19日に博多湾に姿を現しました。10月20日午前に始まった博多湾の合戦は元側優勢のうちに推移し、日没の頃に日本側は博多の町を放棄して、太宰府の近くまで撤退しています。明けて21日、博多湾口にある志賀島に漂着した1艘を残し、元の大艦隊が博多湾から消えていました。

それぞれの立場の記録の検証

元と高麗、それぞれの国史に文永の役に関する記述があり、撤退した理由が両者で異なっています。『元史』には、「官軍不整又矢尽（軍の統制が上手くゆかず、矢も尽きたので撤退した）」と、『高麗史』には、「会夜大風雨、戦艦触巖崖多敗（夜、暴風雨にあって戦艦の多くが座礁した）」と書いてあります。

『高麗史』にある大風雨が何日のできごとなのかは、明確ではありません。当時の天気の記録や史料を調べると、帰路の途中で暴風雨にあった可能性が高いのですが、大正時代になって、博多湾で合戦があった20日の夜のできごとと解釈されるようになり、それを著名な歴史学者たちが支持したため、神風になってしまったのです。第二次世界大戦の敗戦間近の1943年に発行された、国民学校初等科5、6年用の教科書『初等科國史』に神風の記述が登場し、学校でも教えるようになりました。そして、戦後、「季節外れの台風が襲来した」というのが、世間の常識になりました。

文永の役から7年後の弘安4（1281）年、華中と朝鮮半島から総勢14万人、4,400艘の大艦隊が再び攻めてきました。博多攻撃の準備をしていた旧暦7月30日から翌日にかけて、暴風が吹き、伊万里湾の鷹島付近に集結していた大部隊が壊滅的な被害を受けました。鷹島付近では沈没船をはじめ多くの遺物が

発見されています。また、様々な史料に暴風のことが書いてあります。旧暦の７月30日は現在の暦では８月22日ですから、台風であったことは間違いありません。これがあったので、文永の役も台風と誤解されたのかもしれません。

気象学者による指摘

　1958年に、気象学者の荒川秀俊が、過去50年間の統計を基に、『日本歴史』120号に『文永の役の終りを告げたのは台風ではない』という表題の衝撃的な論文を発表し、にわかに神風論争が始まりました。荒川が「文永の役で元が引きあげたのは、グレゴリオ暦に直すと冬も間近な11月26日の夜のことであるから、この頃西日本に台風が来たとは考えられない。そのような見地から史料を検討してみると、暴風雨のあったような様子はない」と指摘したところ、歴史学会の重鎮から「現存の文献の不備の弱点を突かれたもので敬重すべき所論と考えられるが、論証に使用された気象学上の科学的統計資料はわずかに最近50年間のものに過ぎず、600年の長期間にこの統計上の資料が適用され得るや否やは疑問である」との、激しい反論がありました。

　晩秋になると、台風が日本付近の強い偏西風で転向して北東方向に進むのと、海水温が下がって日本に接近する前に衰弱してしまうため、九州北部に接近する可能性は非常に低くなります。ちなみに、1951年以降に福岡市付近を台風が最も遅く通過したのは、10月14日でした。11月26日に九州北部を直撃するような台風は気象学的に無理があるということが分かります［資料115］。

　十数年前、学生時代に使っていた高校教科書を書店で見つけ、懐かしくなって文永の役の記述を調べたところ、「元軍も損害が大きく、たまたまおこった暴風雨にあってしりぞいた」とありました。その７、８年後に同書を調べたところ、「元軍も損害が大きく、内部の対立などもあってしりぞいた」に変わっていましたが、依然として暴風雨の記述をしている教科書もありました。そして2023年度の教科書では、すべての日本史探究の教科書から暴風雨の記述がなくなっていました。65年前に始まった神風論争が、やっと決着したようです。

（松嶋憲昭　p.206〜207）

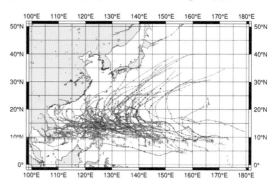

［資料115］1951〜2022年11月中下旬の台風の進路（気象庁データを基に作成）

桶狭間の戦いの暴風雨

桶狭間の戦いは、兵力的に圧倒的に不利（数千）だった織田信長が、
2万前後の兵力をほこった今川義元を破った合戦です。
信長は雨を予想して戦略を立てたといわれますが、その真相は？

桶狭間の戦いの年は空梅雨だった

　合戦があったのは永禄3（1560）年5月19日で、現在の暦に直すと6月22日ですから、梅雨の盛りのできごとです。この年は空梅雨だったようで、『御湯殿の上の日記（京都）』（宮中に仕える女官の日記）、『私心記（大阪）』（本願寺関係者の日記）で合戦があった5月の記録を調べると、雨が降ったのは5・11・12・19日のわずか4日だけで、合戦の前は6日間も雨が降っていません［資料116］。「雨が降り続いていたので、信長は雨を予想して行動していた」という小説やテレビ番組を見たことがあるのですが、どうも違うようです。

	1	2	3	4	5	6	7	8	9	10	11	12	13	14	15
5月	6/4	6/5	6/6	6/7	6/8	6/9	6/10	6/11	6/12	6/13	6/14	6/15	6/16	6/17	6/18
					☂						☂	☂			
	16	17	18	**19**	20	21	22	23	24	25	26	27	28	29	30
	6/19	6/20	6/21	**6/22**	6/23	6/24	6/25	6/26	6/27	6/28	6/29	6/30	7/1	7/2	7/3
				☂											
	1	2	3	4	5	6	7	8	9	10	11	12	13	14	15
6月	7/4	7/5	7/6	7/7	7/8	7/9	7/10	7/11	7/12	7/13	7/14	7/15	7/16	7/17	7/18
					☂	☂	☂					☂			
	16	17	18	19	20	21	22	23	24	25	26	27	28	29	30
	7/19	7/20	7/21	7/22	7/23	7/24	7/25	7/26	7/27	7/28	7/29	7/30	7/31	8/1	8/2
	☂	☂	☂	☂					☂					☂	
	1	2	3	4	5	6	7	8	9	10	11	12	13	14	15
7月	8/3	8/4	8/5	8/6	8/7	8/8	8/9	8/10	8/11	8/12	8/13	8/14	8/15	8/16	8/17
			☂	☂											

［資料116］永禄3（1560）年5月1日～7月15日の天気
（『御湯殿の上の日記（京都）』による）
上段：旧暦、中段：グレゴリオ暦、下段：天気（☂は雨）、
グレーは東海地方の梅雨の平年値

　合戦の日は、朝から日差しが強く、猛烈な暑さでした。『武功夜話』（尾張国の前野家文書）に、地元民が今川義元を出迎えたときの様子が書いてあるのですが、今川勢のみなさん、かなりバテ気味だったようです。

　　折しも辰の下刻、陽は中天に輝き暑気をさけ暫時休息の御下知中軍に
　　相達するや、軍兵我先あらそい松樹の陰にのがれ、徒らに数百流れの

旗差し物ばかり、長鑓のたぐいは老松に立てかけて正体相なし

「ちょうど9時、太陽の日差しが強く暑かったので、暫時休息の命令が出ると、兵士たちは先をあらそって松の木の陰に隠れた。数百の旗だけが残り、長槍などを松の木に立てかけて、だらしない様子であった」と描かれています。

ゲリラ豪雨が織田勢に味方

そして強い日差しから一転、どの史料にも合戦の直前に、激しい雨が降り、強い風が吹いたことが書かれています。現在なら、ゲリラ豪雨と報道されるような大荒れの天気だったようです。雨の記述はどの史料もそれほど差がありませんので、代表的な『織田軍記（総見記）』を紹介します。

俄に急雨降来て、石なんどを投ぐる如く、敵の顔へ風吹きかく、敵の
為には逆風、味方は後より吹く風なり、余りに強き雨風にて、沓掛の
山の上に生ひたる、二かい三かいの松の木楠の木なども、吹倒す計り
なり、是れ只事にあらず、熱田大明神の神軍、神風かなんどと云ふ程
なれば、味方の大勢廻り来る物音、少しも敵へ聞えず

「急に激しい雨が降ってきて、石を投げつけるように今川勢に向かって風が吹いた。今川勢にとっては正面からの風、織田勢にとっては後ろからの風であった。雨風が非常に強く、沓掛の山の上に生えている、幹回りが二かかえ・三かかえ（3～5m）もある大きな松の木や楠の木が倒れるほどであった。その異常さは、まるで熱田大明神の神軍か神風のようで、そのため織田勢が大勢でう回して進む音が今川勢には聞えなかった」。

また、梶野家舊記録『桶狭間合戦記』（桶狭間地元民の記録）には、雨が降り出したときの今川勢のあわてた様子が書かれています。

突然の大雷雨にて士卒は狼狽し附近の木蔭や民家に雨除けを為し大将
義元は僅かの軍勢に守らるゝのみとなりける

「突然、激しい雷雨になったので、兵士たちは狼狽し、付近の木の陰や民家で雨除けしたため、義元はわずかの軍勢に守られるだけになってしまった」。

激しい雷鳴と雨音のために、今川義元の本陣からやや離れた所にいた前陣の今川勢が、織田勢の襲撃に気付かず、救援に駆けつけるのが遅れた可能性もありそうです。今川義元は、織田信長に負けたのではなく、猛暑と豪雨に負けた、というのが真相かもしれません。

(松嶋憲昭　p.208～209)

晴嵐

「晴れ」と「嵐」。相反する２つの漢字による熟語です。
景勝地の名前として聞いたことがある人もいるでしょうか。
今では死語となった、この不思議な言葉のなぞを見ていきます。

中国からやってきた言葉

　中国と日本で意味の異なる漢字があります。例えば、中国語の「愛人」を日本語に訳すと「妻」になります。「娘」は「お母さん」、「手紙」は「トイレットペーパー」、「鮎」は「ナマズ」。

　気象の世界でも同じような例があります。中国語の「嵐」は、元々は「霧」を意味していました。日本に漢字が伝わったとき、風のアラシに「嵐」の字を当てたため、混乱が生じました。この「嵐」を使った熟語「晴嵐」は鎌倉時代に書画として伝わりましたが、この意味が時代によって大きく変わっています。

書画に描かれた「晴嵐」

　「瀟湘八景」は、中国湖南省の洞庭湖付近の８つの風景（瀟湘夜雨・平沙落雁・烟寺晩鐘・山市晴嵐・江天暮雪・漁村夕照・洞庭秋月・遠浦帰帆）で、10〜11世紀頃から書画に描かれるようになりました。日本では、鎌倉時代に中国の書画が珍重されるようになり、近江八景の粟津晴嵐（滋賀県大津市）、金沢八景の洲崎晴嵐（横浜市金沢区）［資料117］など全国各地に晴嵐の付いた新たな八景ができて、晴嵐という言葉が一般に知られるようになりました。

　1603年にイエズス会の宣教師たちが編纂した『日葡辞書』が刊行されています。この辞書は、３万語を超える日本語の読み・意味・用法をポルトガル語で解説したもので、これに、晴嵐が「雨や雪を伴わない風だけの嵐」と解説してあります。この頃には、「霧」から「風」に変わっていました。

　江戸時代の浮世絵には、粟津晴嵐や洲崎晴嵐が薄紅色で描かれています。中国で描かれた瀟湘八景の山市晴嵐は静かな山里の朝霧の風景なのですが、当時の人たちがこの意味を理解していたかどうかは疑問です。水墨画に描かれた霧の「ぼかし」に色をつけたため、このようになったのではないでしょうか。そ

のためか、当時の人たち
は晴嵐を「夕焼け」と思
っていたようです。その
なごりか、明治22 (1889)
年に国語学者・大槻文彦
が発行した国語辞典『言
海』では「ユフヤケ」と
なっています。ところが、
大正時代になると晴嵐の
意味がまた変わります。
国語学者・落合直文の「こ

[資料117]「金沢八景 洲崎晴嵐」広重画（国立国会図書館HP
より）

とばの泉」を芳賀矢一が増補・改訂して大正10年に発行した『言泉』では、「晴
れた日のかすみ」となっています。中国の言葉の研究が進んだことから、もと
もとの意味の「霧」に変わったのだと思われますが、この意味で使っていた人
はいなかったのではないでしょうか。

まぼろしの攻撃機の名前に

　太平洋戦争時、米本土攻撃を目的に、潜水艦から発進できる特殊攻撃機と、
それを搭載する大型潜水艦が開発されました。「晴嵐」と命名され、「晴れた日
の突然の嵐のように敵の不意をつく」と新たな解釈がされました。

　大西洋の米艦隊がパナマ運河を通って太平洋に進出するのを防ぐため、開発
に着手した頃からパナマ運河の閘門を破壊する計画がありました。パナマ運河
近くの海上に浮上して、搭載した2機の攻撃機を組み立てて発進するまで、わ
ずか10分。搭乗員には、搭載した魚雷を水路に投下して閘門を破壊し、潜水
艦の近くに胴体着陸して帰還する作戦と説明されていたのですが、実際は爆弾
を積んで特攻する作戦でした。

　愛知県の工場が昭和東南海地震（昭和19年12月7日）と空襲で被害を受けて
攻撃機の完成予定が遅れ、戦況がさらに悪化したため、攻撃目標をグアム島の
南西方向にあるウルシー環礁に集結していた米海軍艦艇に変更しました。攻撃
予定日を昭和20年8月17日と決め、終戦直前に2隻の潜水艦が出航しました。
洋上で終戦の報を聞き、攻撃機を海中に投棄して帰還したため、この攻撃機が
世に知られることはありませんでした。もし、この攻撃機がパナマ運河や米艦
艇を攻撃していたら、「晴嵐」が違う意味で現在も記憶に残っていたでしょう。

（松嶋憲昭　p.210～211）

蜃気楼

大気中のいろいろな条件が整うことで見ることができる蜃気楼。
この大気のいたずらは、どんな仕組みで起こるのか、
どのような種類があるのか図解や写真で詳しく見ていきましょう。

蜃気楼は神秘現象？

　皆さんは蜃気楼と聞いてどのような現象を思い浮かべるでしょうか。富山湾の蜃気楼をすぐに思い浮かべる人、気象現象の1つであることを知っている人もいるかもしれません。しかし「外国の景色が海に浮かんで見える」とか「不思議な景色が目の前に現れる」など、オカルト現象のようなイメージで捉えている人もまだまだ多い印象です。あるいは楽曲の歌詞や文学作品、ゲームなど創作の世界にも蜃気楼がよく登場するため、現実に見ることができない比喩的な表現だという認識の人も多いようです。

気象現象としての蜃気楼とその種類

　蜃気楼は科学的に見ると、大気中の温度差（空気の密度差）によって光が屈折し、風景が普段と違った見え方をする現象のことです。遠くの建物が上下に2つ3つと見えたり、そのうちの1つは上下が逆さまになっていたりとその時々で多彩な見え方をします。このような見た目の不思議さから「外国の景色が見える」と古の人々が信じてきたのかもしれません。

　その種類は主に上位蜃気楼と下位蜃気楼の2つに分けられます。上位蜃気楼は上に暖かい空気、下に冷たい空気がある場合、光が上方から下方に曲が

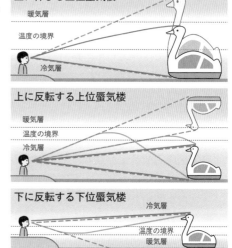

[資料118] 蜃気楼のメカニズム

[資料119] 蜃気楼の様子をとらえた写真
左上：春の流氷の上位蜃気楼「幻氷」
　　　春先、すでに沖合から少なくなった
　　　流氷が伸び上がり、白い壁や大陸の
　　　ように見える。
右上：浮島現象
左下：逃げ水現象

ることによって発生します。有名な富山湾の蜃気楼は上位蜃気楼です。もう1つの下位蜃気楼は、上位蜃気楼とは逆に、下に暖かい空気、上に冷たい空気がある場合に発生する蜃気楼です。いわゆる砂漠の蜃気楼はこちらのタイプで「逃げ水」という呼び方もあります。海岸で見られる「浮島現象」の場合、水平線上の島などが下に反転した像が現れると同時に空の部分が下に映り込んだように見えるため、島が宙に浮いているように見えます。

蜃気楼は本当に珍しいのか？

　蜃気楼は見た目の面白さだけでなく、めったに見られないという貴重さからも歴史的に珍重されてきました。確かに、富山県魚津市で長年観測されている上位蜃気楼の発生日数は、平均で年間20日程度、多い年でも40日程度です。しかし実は、同じ蜃気楼でも下位蜃気楼なら頻繁に見ることができます。海岸を訪れたら先ほど説明した浮島現象を探してみてください。あまり注目されていなかったことから観測データが少ないのですが、年間300日程度見られることが近年確認されています。また、上位蜃気楼は富山湾でしか見られないと思っている人も多いのですが、この20年ほどで毎年観測できる地域がどんどん増えています。北海道では石狩湾、オホーツク海、苫小牧沖など。本州では千

[資料120] 魚津市から見た上位蜃気楼
（岩瀬付近の工場群）

葉県九十九里町や伊勢湾、大阪湾などで多く確認されています。海だけでなく、琵琶湖や猪苗代湖など内陸の湖でも上位蜃気楼が観察できます。蜃気楼の実態が知れわたるにつれ、いわゆる「ウォッチャー」が増えたことや、撮影機材が高画質化した影響により発生を確認できる事例が増えたと考えられています。まだ知られていない場所で珍しい蜃気楼と出会える可能性はまだまだ残っており、あなたが第一発見者となるかもしれません。

もっと知りたい！

四角い太陽の不思議は未解明

蜃気楼の効果によって太陽が不思議な形に見えることを「変形太陽」といいます。中でも珍しい「四角い太陽」は、上位蜃気楼の仲間とされますが、どのような場合に四角く見えるのかまだ完全には解明されていません。太陽自体がはるか遠方にあるため、長距離かつ高層までの温度変化を考慮せねばならず、単純な説明ができないのです。また北海道で冬に出現する事例が有名なため寒冷時のみ発生すると思われがちですが、大阪湾や九十九里町沖など全国的に観察例があり、出現時期も冬に限りません。

[資料121] ６月下旬、九十九里沖に現れた四角い太陽（大木淳一氏〔千葉県立中央博物館〕提供）

[資料122] ７月中旬、北海道斜里町沖に変形しながら沈んだ夕日
変形する前→四角い太陽→さかずき型

（佐藤トモ子　p.212〜214）

渡り鳥と気象現象の切っても切れない関係

日本では春になるとツバメがやって来て巣をつくり、子育てをし、
秋には南へ旅立ち、入れ替わりにカモやハクチョウたちが渡来します。
日本の鳥の半数以上を占める渡り鳥たちと気象との関係を見ていきましょう。

鳥たちの生活に関わる気象

　渡り鳥はとても長い距離を移動します。例えば、体が大きなツルやハクチョウは2,000〜3,000㎞の距離を移動します。アジサシのなかまのような小さな鳥では10,000㎞もの距離を跳ぶ場合もあります。ですから、鳥たちは渡りをするとき、風をうまく利用することで体力の消耗を抑えることが求められます。都合良く利用できると良いのですが、いつも思い通りの風が吹いてくれる訳ではありませんよね。渡り鳥たちは、風の影響に対して、それぞれ工夫しながら渡っています。

　鳥が渡りをする主な目的は食べものです。エサとなる昆虫の発生や植物の成長には気温、中でも桜の開花予想で耳にする積算気温（ある基準日を起点とする毎日の平均気温の合計値）が影響しています。また、ウグイスの初鳴き日と積算気温の間には強い相関があります［資料123］。

　このように鳥の生活は気象に大きく影響を受けるのですが、最近よく聞かれる温暖化の影響についても気になるところです。

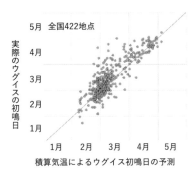

積算気温によるウグイス初鳴き日の予測

［資料123］ウグイスの初鳴き日予測と実際の初鳴き日
積算気温での予測日と実際の初鳴き日がピッタリ一致すると青線になる。●は少しばらついているが、それでも青線の近くに集まっていて、積算気温で初鳴き日がある程度予測できることが分かる。

気流（風）と渡り鳥たち

　鳥たちの多くは、気流の静かな夜に渡ります。しかし、大きなワシやタカは昼間の上昇気流を利用して渡ります［資料124］。また、海では上空ほど風が強いことから、カモや海鳥は、向かい風では高度を下げ、追い風では高度を上

げるという工夫をしています［資料125］。さらに、海面近くの追い風を利用するアホウドリは、高度が下がると風上側に翻って上昇し、再び上空の強い風を背に滑空する、という飛び方を繰り返します。この「ダイナミックソアリング」という飛行方法で、ほとんど羽ばたかずに、鳥島からベーリング海まで数千kmの長距離を渡っています［資料126］。

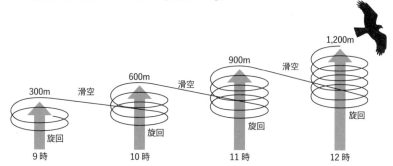

［資料124］昼間の上昇気流を利用するワシやタカなどの飛び方

［資料125］向かい風と追い風で高度を変える
カモや海鳥の飛び方

［資料126］アホウドリのダイナミックソア
リングの飛び方

渡り鳥にとっての低気圧・高気圧

　日本で新しく見つかった鳥は、過去40年間で100種以上になりますが、その多くは迷鳥です。どうして迷って来たのかを調べると、多くは気象現象によるものでした。台風の眼につかまったり、寒冷前線に向かって吹く風に流されたり、あるいは低気圧や停滞前線の悪天候に巻き込まれたようなのです。

　特に日本では春の渡りの5月に最も多くの迷鳥が見られます。アジア大陸の東岸を北上するとき、次々と東へ横切る低気圧で、日本へ流されてしまうのです。

　一方、遠く北アメリカでは、春は大西洋に高気圧が居座ることで南や南東からの安定した気流があり、これが「恵みの風」となって、800kmを超えるメキシコ湾を多くの鳥たちが無事に渡って行きます。

温暖化の鳥たちへの影響

　シベリアの東端にあるペクルニイ湖で繁殖するマガンは、寒くなると北海道から秋田県の小友沼（おともぬま）を通って、宮城県の伊豆沼（いずぬま）で越冬します。ところが近年、あまり伊豆沼で越冬しなくなりました。渡り途中の小友沼で、１月の平均気温が０℃以下に下がらなくなって水面が凍らず、冬でも餌が採れるため、ここを越冬地とするマガンが増えてきたからです。

　一方、オランダで繁殖する渡り鳥のマダラヒタキは、温暖化の影響で、エサとなる昆虫の発生時期が早まって子育ての時期とずれてしまい、一部の地域では個体数が10分の１にまで減ってしまいました。

（太田佳似　p.215〜217）

そういえば、未文明時代にも、動物の習性で季節を見極めていたっていう話があったかも。私たちの大昔のご先祖様は、鳥の行動でも、きっと季節を感じていたんだろうな〜。

うんうん。そういう可能性を考えることは大事なことだよ。さあ、春風さんの気象学の研究ポイントが見えてきたんじゃないかい？

い、いやぁ…。そこまでは、汗

気象を勉強しながら、別の分野の研究を深めたっていいんだよ。気象って、本当にいろんなことと関わっているから、絶対損をしない学問だって思うんだよね。

そうそう！　普段の暮らしにだって役立つんだからね。

（気象の沼が、どんどん迫ってきているような…。）ま、確かに損けないかも♪

参考文献
ポール・ケリンガー (2000)：鳥の渡りを調べてみたら．文一総合出版
環境省パンフレット：STOP THE 温暖化2008

気流に乗って飛んで来る
稲の害虫

国境をまたいで、海を渡ってやってくる虫がいます。
稲の害虫になる「トビイロウンカ」というとても小さな虫です。
どうやって飛んでくるのか、気象との関係を見てみましょう。

稲の大敵！トビイロウンカとは

トビイロウンカは、稲の害虫
です［資料127］。この虫は、
ストロー状の口を稲の茎に差し
込んで、茎の中の汁（養分や水分）
を吸い、大量発生すると、稲を
枯らしてしまいます［資料128］。
成虫は、体の大きさが4〜5mm
であり、翅（はね）の長さが異なる2つ
のタイプが存在します。長翅型（ちょうしがた）

[資料127] トビイロウンカ成虫
の短翅型（上）と長翅型（下）

[資料128] トビイロウンカの被
害を受けた稲

は、新たな生息場所を求めて飛び回ることができます。一方、短翅型（たんしがた）は、飛ぶ
ことはできませんが、生まれた場所にとどまって繁殖するのに適しています。

上空の風に乗り、はるばる日本へ

トビイロウンカにとって、唯一のエサとなる稲は、日本では秋には収穫され
ます。また、この虫は冬の寒さに弱く、国内で越冬することはできないため、
毎年田植えの時期に、長翅型の成虫
が海外から飛来するのです。

日本へ飛来するトビイロウンカは、
年間を通して稲が栽培されているベ
トナム北部で主に越冬します。この
ため、越冬地の冬の気温はこの虫の

1次移動（4-5月）

越冬地

2次移動（6-7月）

[資料129] 日本へ飛来するトビイロウンカ
の主な移動経路

越冬量を左右し、最終的には日本への飛来量にも影響を及ぼします。その後、一部が4～5月頃に吹く季節風に乗って中国南部へ移動します（1次移動）。中国の稲で増えたこの虫の一部は、主に6～7月の梅雨期に、上空の暖かく湿った南西風に乗り、1～2日かけて海を渡って、はるばる日本へやってきます（2次移動）［資料129］。この1次移動と2次移動を可能とする、上空の強風域の出現頻度は年によって異なり、この点も日本への飛来量に影響を及ぼします。

飛来のモニタリング

　飛来後に、日本の田んぼに定着したトビイロウンカは、8～10月にかけて増殖します。しかし、飛来時期や量は毎年異なるので、その後の発生ピーク時期や発生量も年によって異なります。天気予報のために行われている様々な気象観測と同じように、トビイロウンカに関しても、将来（8～10月）の発生を予測して稲への被害を未然に防ぐため、ネットトラップ［資料130］やライトトラップ［資料131］と呼ばれる捕獲器を用いた調査が行われています。この調査は、各都道府県で行われ、そのデータは全国で共有されています。この点は、「アメダスによる気象観測」と似ていますね。

[資料130] ネットトラップ
直径1mのネットを地上10mの高さに設置する。

[資料131] ライトトラップ
光でおびき寄せる仕組み。

増殖のモニタリング

　日本の夏の場合、産卵されたトビイロウンカの卵が、幼虫を経て成虫になるまでの発育日数は、約30日です。ただし、厳密にいうと、その日数は気温によって異なります。これまでの研究によって、発育日数と気温との関係式が作成されています。そこで、主要飛来日を出発点とし、この関係式に気温データを入力して、次世代以降のトビイロウンカの出現時期を計算（予測）します。また、夏が高温少雨で経過した年は、トビイロウンカが増殖し、稲の被害が大きくなる傾向にあります。このため、この虫の発生量を予測する上では、気象予報（長期予報）も参考にします。

　以上、のべてきたように、トビイロウンカの越冬、長距離移動、増殖には、気象が大きく関わっているのです。

（菖蒲信一郎　p.218～219）

飛行機雲は語る

飛行機雲を見たことがある人は多いでしょう。
飛行機が通ったからといって必ず見える訳ではありません。
実は大気の状態と関係があるのです。その仕組みを見ていきます。

飛行機雲が伝えていること

　空には季節によっていろいろな雲が出現し、夏の昼下がりには青い空をバックに塔状の雲、それを縫うような飛行機雲が白く輝いている光景に出会うことがあります。このようなとき、「雲の峰 飛行機雲の 糸電話」などと俳句を詠んでみたくなるような経験をお持ちの方も多いことでしょう。この糸電話の糸、飛行機雲は美しいばかりでなく何かを伝えようとしているのではないでしょうか。

[資料132] 飛行機雲の糸電話
（山本由佳氏撮影）

　p.93で学んだ雲の成り立ちから考えてみましょう。雲は水蒸気が凝結した氷の粒や水滴でできています。飛行機雲も同様に氷の粒や水滴からできています。通常、大気は水蒸気を含んでいますが無色透明で見えません。大気は温度が高いほど多くの水蒸気を含むことができます。地上で多くの水蒸気を含んだ空気塊が上昇して冷やされると凝結して水滴や氷の粒になって白く見えるようになります。

　飛行機雲は航空機の排気に含まれる高温の水蒸気が急激に冷やされて凝結したものです。飛行機雲は航路周辺の空気が乾いているとすぐ蒸発して水蒸気となり、見えなくなってしまいます。そして航路周辺の空気が湿っていると長い時間持続します。また天気が悪化傾向の時は水蒸気がどんどん補給され、航空機の排気を引き金に広がっていきます。

　世界中で1日2回、高層気象観測が行われ、上空の風向・風速、気温、湿度を観測しています。この観測値から、何度気温が下がると湿度が100％になるかを表す「湿数」という数値を算出できます。

　この値を記入された高層天気図（850、700、500、300hPaなど）から水蒸気の多寡を推定できます。例えば700hPa面の高層天気図では湿数の値が 6 ℃ごとに解析され、 3 ℃未満の湿域を縦縞模様に表示して、おおよその雲の発生域の目安とし、湿数が非常に大きい空域は乾燥しているということで好天の目安としています（気象庁HPで確認できます）。飛行機雲は発生がこの湿域か乾燥域かによってその変化や消長が変わってきます。また発生した飛行機雲の移動方向からは、上空の風向を推定することもできます。

飛行機雲から分かる観天望気

　一方、航空機は航空路といわれる地上の保安無線施設を電波で結んだ、目には見えない空の道を安全に留意し、向かい風や追い風から効率の良い高度を選定して飛行しています。したがって定期的に運航している航空機は毎日多少の違いはありますが、ほぼ同じ高度を同じ方向に飛行しており、毎日、ほぼ同じ場所、同じ時刻に観測できます。
このようなことを整理すると、

1 飛行機雲が発生するかしないかで、上空の湿度が分かる
2 発生した飛行機雲がすぐ消える場合は、上空が乾燥していて好天が続く
3 発生した飛行機雲が長時間持続する場合は、上空の空気が湿っていて天気は悪化傾向
4 発生した飛行機雲が変形しながら増加する場合は、上空では水蒸気が補給されていて低気圧が接近しつつあり、雨が降り出す可能性が高い

というような観天望気の予報則を案出することができます。
　また、発生後の飛行機雲の動きから上空の風を推定し、北西風のときや南西風のときの天気変化を分析して予報則を編み出すことも可能です。
　このように、毎日見上げる空の状態、特に飛行機雲の発生とその動向から「好天が続く」とか、「天気が悪くなりそうだから傘を持って行こう」とか、「もうすぐ雨になるから服装や持ち物を考えよう」といった短時間の天気変化を知ることが可能になります。また、発生した飛行機雲の移動方向から、いろいろな天気の変化について考察することは大変興味深いのではないでしょうか。
　糸電話の飛行機雲が白く輝いて美しく、雑事を忘れて俳句を詠む楽しみを与えてくれるばかりでなく、多くの有益な情報を含んでいることを知れば一段と輝きを増して見え、語りかけてくるさらに多くのことを受け止めることができるでしょう。

（武井雄三　p.220～221）

気象衛星「ひまわり」が捉えた
珍しい現象

気象衛星「ひまわり」は常に地球を監視しているため、
時々珍しい現象を捉えます。ここでは、気象庁ホームページに掲載された
画像から、珍しい現象を紹介します。

済州島が作り出す「カルマン渦」

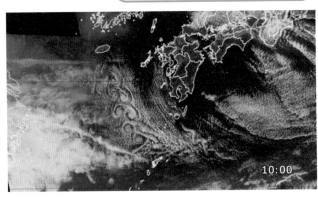

10:00

[資料133] 気象衛星が
2022年3月6日10：00
に撮影したトゥルーカラ
ー再現画像
（気象庁HPより）

　海に浮かんだ不思議な雲の渦。唐草模様やハート型のチェーンネックレスが
つながっているようにも見えますね。これは気象衛星が撮影した写真で、カル
マン渦やカルマン渦列と呼ばれる変わった雲の渦なのです。

　カルマン渦は、済州島や屋久島、利尻島など標高の高い山岳を持つ孤島の風
下に形成されます。1つの雲渦の直径は、平均30kmほどで、海抜1,000m辺
りの大気下層に、これら雲渦が列をなし、その長さは1,000kmに及ぶことも
あります。

　[資料133] が撮影された日、日本付近は冬型の気圧配置が強まり、済州島
風下には見事なカルマン渦が出現し、列をなしました。カルマン渦にはならな
かったものの、屋久島風下にも大気の揺らぎが見られました。

　この雲の渦は冬季に多く出現します。ご興味を持たれた方は、気象庁のHP
から見てください。気象衛星は10分や2分30秒ごとに撮影され、数時間分、
過去の画像を見ることもできます。時間とともに刻々とその姿を変える雲は、
とてもきれいです。

山岳風下に発生した波状雲

山岳がつくり出す変わった雲は、まだあります。済州島のように島内の独立峰が風の流れを遮る場合、風は山の左右に回り込み、カルマン渦をつくりました。ところがある日の風向きが山脈と直交し、その流れが遮られる場合、風は山脈を回り込むことができず、山脈を乗り越えることになります。

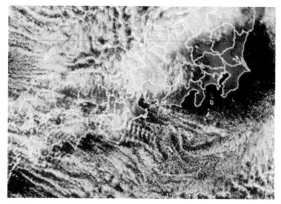

[資料134] 気象衛星が2021年12月19日13：30に撮影したトゥルーカラー再現画像（気象庁HPより）

もっと知りたい！

カルマン渦とは

流れの中に円柱状の物体を立てたり、動かしたりすると、その後方に回転方向が交互に異なる規則正しい渦の列ができます。この渦ができる原理を流体物理学者のカルマンが1911年に明らかにし、「カルマン渦」として知られるようになりました。例えば、旗がはためき、強風で電線がヒューヒューと音を立てるのもカルマン渦ができるためです。1940年、完成して間もない米国のタコマナローズ橋が、それほど強くない風と共振して崩落したのもカルマン渦のためでした。

冬型の気圧配置で寒気の吹き出しがあるときには、ほぼ円形の島の後方にカルマン渦が発生していることを衛星写真で確認できます。

山脈斜面を上昇した風は、温度が下がり、ある高さで雲を形成します。大気の状態が安定していると、雲を形成し、山脈を越えたあと、下降気流となり、温度が上がって雲は消えます。このとき空気は周囲の空気と比べて軽くなるので、浮力を得て、上昇に転じ、山脈風下の上空で再び雲を形成します。

このように風が一定の方向に吹き続け、空気の上下運動が繰り返されることにより、山脈の風下に波状雲が形成されることがあります。

［資料134］では、紀伊半島の南東沖に波状雲が形成されているのが分かります。これは北東から南西方向に連なる紀伊山地を乗り越えた風が、山脈風下の南東方向に大きく波打って形成されたものです。この日は四国山地の風下にも同様の波状雲が見られました。

赤道上空約36,000kmから撮影している気象衛星は、突然噴火した火山を写し出すことがあります。ここでは気象衛星が捉えた火山噴火による噴煙や雲を2つ紹介します。

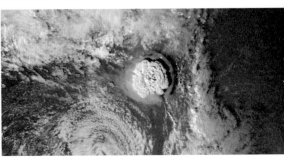

[資料135] 気象衛星が2022年1月15日14：20に撮影したトゥルーカラー再現画像（気象庁HPより）

● **フンガ・トンガ-フンガ・ハアパイ火山**

南太平洋トンガ諸島付近のフンガ・トンガ-フンガ・ハアパイ火山は、2022年1月15日13時頃噴火しました。この噴火では、噴煙が高度16,000mに達しただけでなく、噴火に伴う衝撃波が気圧変化として世界各地で観測されました。また、太平洋の島々や沿岸部で津波を発生させ、日本では船が沈没、転覆、海外では人的被害も生じさせました。

火山噴火により噴出した火山ガスは、水蒸気が主成分です。このガスが、噴火により上空まで持ち上がると膨張して温度が下がって凝結・凝固し、細かな水滴や氷晶からなる雲となり、白く写ります。[資料135] は噴火から80分ほどたったときに撮影されました。細かな火山灰などを多く含む噴煙は茶色く見えます。雲や噴煙は、空高く上昇したので、西側（画面の左側）から射し込む太陽光が遮られ、東側（画面の右側）に影が生じたことが分かります。

● **福徳岡ノ場**

小笠原諸島 硫黄島（いおうとう）付近にある福徳岡ノ場（ふくとくおかのば）の海底火山は、2021年8月13日6時頃噴火しました。この噴火は、1914（大正3）年の桜島「大正大噴火」に次ぐ国内最大級の噴火で、噴煙は高度16,000mにまで達しました。同年10月には大量の軽石が沖縄や奄美に漂着しましたが、これも

[資料136] 気象衛星が2021年8月14日09：00に撮影した赤外画像（気象庁HPより）

この噴火が凄まじく、軽石などの火山噴出物が多かったことを示しました。

2021年8月中旬、日本列島付近に前線が停滞し、日本の南にある太平洋高気圧から暖かく湿った空気が前線に向かって流れ込み続けて、西日本を中心に大雨となりました。福徳岡ノ場の海底火山は、太平洋高気圧の勢力下にあり、雲1つありません。そのような絶好の条件の下、気象衛星は、鮮明な映像を撮影し続け、翌日、噴煙が約2,000km離れたフィリピンのルソン島にまで達したことも記録しました［資料136］。

黄砂飛来

大陸からのびる黄土色の帯、気象衛星は、この姿も捉えることがあります。この帯は、黄砂と呼ばれ、東アジアの砂漠域や黄土地帯で強風によって吹き上げられた土壌や細かな鉱物粒子が上空の風によって運ばれたものです。

黄砂は春に観測されることが多く、黄砂観測日数の平年値（1991～2020年）、

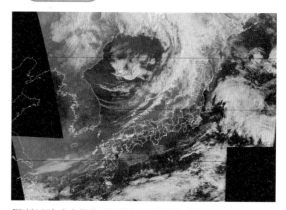

［資料137］気象衛星が2022年3月5日08：30に撮影したトゥルーカラー再現画像（気象庁HPより）
黄土色に見えるものが黄砂。

15.6日のうち、3月、4月で合わせて10.6日と全体のおよそ3分の2を占めます。また、年による変動が大きく、1967年以降、2001年は38日と最も多く、逆に1972年は1日も観測されませんでした。

黄砂が飛来した日は晴れているにもかかわらず、空はぼんやりと霞み、気分も優れなくなることもありますね。九州北部など黄砂の影響を強く受ける地域では、視程障害により航空機の運休や高速道路の速度制限など交通への影響や呼吸器官や目などへの健康被害が生じることもあります。

［資料137］が撮影された日は、黄砂が中国大陸から朝鮮半島、対馬海峡を経て、日本列島に到来した様子が分かりやすい日でした。日本海にのびる雲は、前線を伴う発達した低気圧の雲で、黄砂は、この日、西日本を中心に広い範囲で観測されました。

（實本正樹　p.222～225）

気象病

天気が悪いと節々が痛くなる、頭が痛くなるという人がいます。また、猛暑の熱中症や、冬の寒暖差によるヒートショックなど、気象の変化で様々な病気が起こります。気象が人体に及ぼす影響について学びましょう。

気象病って何？

　天気が悪いと頭痛がしたり、関節が痛くなったり、何となく気分が落ち込んだりすることはありませんか。暑くなると熱中症が増えますし、逆に寒くなると心臓病や脳出血などの病気が増えるといったことも知られています。このように気象の変化で症状が起こったり変化したりする病気を気象病といいます。誰もがなり得る病気で、ときには命に関わることがあるので、予防することが大事です。

季節病とは違うの？

　気象病とよく似た言葉で季節病というものもあります。季節病とは、季節の変化と関係があると思われる病気をいいます。夏に多い腸管出血性大腸菌感染症（O-157）による食中毒や、冬に多いノロウイルスによる急性胃腸炎などがあります。ただ、温暖化に伴い日本の気候も温帯気候から亜熱帯気候に近づいて季節の変化がはっきりしなくなってきていますので、気象病と季節病の明確な区別がつきにくくなっているかもしれません。ここでは季節病も気象病に含めて一緒に考えていきましょう。

なぜ、気象病になるの？

●気温が原因の気象病

なぜ気象病になるのでしょうか。それは、ヒトが恒温動物だからです。

体温を36〜37℃程度に常に保つことで体内の酵素を最も効果的に働かせて化学反応を効率よく行い細胞の活動に不可欠なエネルギー等を生産しています。したがって、気温が高かろうが低かろうが、無意識に自律神経を働かせて体温をコントロールしているのです。具体的にいうと、暑ければ汗をかいて蒸発させ身体から気化熱を奪うことで体温の上昇を食い止め、寒ければ末梢血管を収縮させて血液を体の中心に集めて深部体温が下がらないようにしたり体を震わせて筋収縮による熱産生により体温の低下を食い止めたりします。ところが、加齢や動脈硬化の影響で体温調節がスムーズにできなくなると、細胞活動に必要なエネルギー供給が滞るなどして病気になってしまうのです。

●気圧が原因の気象病

気圧に関しても、気温ほど厳密ではありませんが、ヒトは一定の範囲内の気圧下でしか活動することができません。普段1気圧（約1013hPa）前後の大気圧に押されながら生活しているので、極端な気圧変化は体調不良を引き起こします。具体的には、飛行機の離着陸や新幹線のトンネル通過、高層ビルの高速エレベーターなどで耳が閉塞したりキーンとなったりしますし、海の深い所を

潜水して急浮上すると潜函病（せんかんびょう）という病気になったりします。また、台風が近づくと頭痛がしたり、雨が続くと腰痛・関節痛がぶり返したりすることもよくあります。このような気圧変化による痛みについては、耳の奥のセンサーで気圧の変化を感じとって自律神経が活性化するのが一因ではないかと考えられています。

さらに、急激な気圧の低下は、気管支喘息（ぜんそく）を悪化させることもあります。気管支内の圧力も低下して、気管支内部が狭くなるためと考えられています。

気象病の主な種類

気象病には、腰痛・関節痛、リウマチ、頭痛などのほか、脳卒中や心臓病といった命に関わる比較的重い病気もあります。一部ですが、[資料138]で気象病の主な種類を紹介します。

病名	主な気象の要因
腰痛・関節痛	気圧の低下による自律神経の乱れなど
リウマチ	主に気圧の低下で悪化。湿度による影響も
頭痛 （片頭痛など）	寒冷刺激、低気圧の接近、日光などによる目への刺激など
神経痛	気圧の低下などによる交感神経系の刺激
気管支喘息	アトピー型はアレルゲンの多い秋〜冬、非アトピー型は季節の変わり目や冬に多い。気圧の低下も影響
花粉症	スギは1月から、ヒノキは3月から。イネは5〜6月に花粉の飛散が多い。気象条件の違いで毎年多少変化する
インフルエンザ	11月頃から流行が始まる。低温・乾燥でウイルスが増殖しやすい
熱中症	5月頃から患者が増加。高温・高湿度で起こりやすい
食中毒	細菌性は梅雨〜夏に多く、ウイルス性は冬に多い
寒暖差アレルギー （血管運動性鼻炎）	季節の変わり目など気温差が激しいとき
めまい・メニエール病	寒冷前線通過時等の気圧の低下など
虫垂炎	夏に多く、冬に少ない
尿路結石	気圧の低下や気温の上昇など
心臓病 （心筋梗塞など）	寒冷前線の通過や低温かつ低気圧など
脳卒中 （脳梗塞、脳出血、くも膜下出血）	脳梗塞は季節の変わり目、猛暑など。脳出血は寒い冬、くも膜下出血は晩秋、晩春、気圧の低下など
自然気胸	気圧の低下、降雨、最高気温が低い日など
腹部大動脈瘤の破裂	秋〜冬に多い。湿度が高い日が1週間続いた後に平均気温が低くなると破裂しやすい
認知症 （認知機能の低下）	冬〜春に低下しやすい
可逆性脳血管攣縮症候群	冬に起こりやすい

[資料138] 気象病（季節病も含む）の具体例

気象病を予防しよう！

　4つの気象病の予防方法を紹介します。ほかにも予防できる気象病はあるので、気になる人は医師に相談したり調べてみたりすると良いでしょう（拙著『その症状は天気のせいかもしれません-医師が教える気象病予防』（医道の日本社）も参考されたし）。

脳梗塞

　脳梗塞とは、血栓により血管が詰まってしまい脳細胞が死滅してしまう病気です。比較的小さな血栓が原因の脳血栓と、心房細動などによる比較的大きな血栓（塞栓といいます）が原因の脳塞栓という2つのタイプがあります。手足の麻痺などにとどまらず、命を脅かすこともある怖い病気です。動脈硬化の予防が第一ですが、脱水から血栓ができて脳梗塞になってしまうことがあるので、普段から脱水に気を付けることも大事です。具体的には、寝る前や起床時、入浴前後などにコップ1杯の水を飲むようにすることです。アルコール類やコーヒーは脱水になりやすいので逆効果です。お茶などカフェイン含有のものは利尿効果があるのでおすすめできません。最近の研究によれば、起床時間帯には脳血栓が、午後の活動時間帯や就寝時間帯には脳塞栓が起こりやすいという報告があるので（参考文献参照）、起床時や寝る前などの飲水は忘れないようにしましょう。

脳出血

　脳出血は、脳の血管が切れて脳の中に出血が広がる病気です。出血が止まらなければ命に関わりますし、止まっても脳が壊れてしまうので、壊れた部分の脳の機能が失われてしまいます。症状は出血量と出血部位によって変わります。予防は高血圧の管理が第一ですが、高血圧ではない人も寒い朝に裸足や薄着で歩き回ると血圧が上昇して脳出血を起こしてしまうことがあります。寒い日には靴下かスリッパを履き上着を着るなどして、保温に気を付けましょう。

くも膜下出血

　くも膜下出血の原因のほとんどが脳動脈瘤の破裂です。脳動脈瘤は頭部MRA検査で調べられます。二親等以内の家族に脳動脈瘤の方がいると自分もなりやすいといわれているので、もし気になれば脳ドックなどで一度検査してください。仮に脳動脈瘤が見つかったとしても必ず破裂するという訳ではありません。禁煙し、血圧などを管理することで予防可能です。寒冷刺激や重い荷物を持ち上げる等による急な血圧上昇に気を付けるようにしましょう。冷水での炊事にはゴム手袋がおすすめです。

片頭痛

　片頭痛とは、生活に支障をきたすような頭痛をいいます。月に何回か頭が痛くて寝込んだり、ときに吐いたりしますが、翌朝には治まってしまうのが典型的です。わが国には約900万人もの頭痛患者がいるとされ、頭痛による経済損失は年間3,600億〜2兆3,000億円と試算されています。「片頭痛かな？」と思ったら、まずは近くの医療機関（あれば頭痛外来）にご相談ください。頭痛が起こるタイミングには個人差があります。頭痛日記を付けて天気、気温、気圧も一緒に記録すると自分の傾向が見えてきます。頭痛が起こりそうな日には頭痛薬を携帯すると良いでしょう。晴れの日にはサングラスが予防に役立ちます。ビタミンB2とマグネシウムの摂取を意識した食生活も良いとされています。

（福永篤志　p.226〜229）

参考文献
福永篤志ら．『脳塞栓と脳血栓の発症に関する生気象学的検討』日本生気象学会雑誌57(4): 127-133, 2021.

飛行機は向かい風が苦手

仕事や旅行で飛行機に乗られることもあるかと思います。そこで、某航空会社のホームページで、成田空港からロサンゼルス国際空港に飛ぶ場合の所要時間を調べてみると、9時間50分であり、逆にロサンゼルスから成田は時間がかかって11時間35分となっていて、1時間45分の差があります。往きと帰りで所要時間が違うのは国内の空港間でも同じで、東向きに飛ぶ方が、西向きに飛ぶよりも早く目的地に着けます。これはどうしてでしょうか。この原因は、この本でもたびたび出てきた中緯度の上空を吹いている強い西風（ジェット気流→p.44、101）なのです。

飛行中の航空機は空気に対してある速度で飛びます。これを「対気速度」といいます。一方、目的地への所要時間は地面に対する速度（対地速度）で決まり、次のようになります。

向かい風：対地速度＝対気速度−風速
追い風　：対地速度＝対気速度＋風速

飛行中の航空機は、上空ほど空気密度が小さくて空気抵抗が小さく、燃費が良くなります。一方、空気が薄いと機内外の気圧差が大きくなり、これに耐える構造にするためには機体の重量が増して燃費が悪化します。実際の飛行高度はこれらの諸要因の兼ね合いで決められ、上昇して目的地まで水平飛行を行う巡航高度は地上10,000m付近となります。この高度では、強いところでは100m/sに達する西風が吹いています。そこで、ジェット旅客機の目的地までの平均対気速度を800km/hとし、平均的な風速を40m/s（144km/h）として計算すると、成田−ロサンゼルス間の距離を8,700kmとした場合、成田→ロスは9.2時間、ロス→成田は13.3時間となり、4.1時間も差が出ます。実際の飛行は、強い向かい風はなるべく受けない経路を選んで飛ぶので、これほど大きな差は出ません。

大きな浮力を得るために、離陸や着陸は向かい風で行う飛行機ですが、巡航高度の向かい風が強いと予定時刻に到着できずに乗り継ぎに支障が出たり、長時間飛行のために搭載燃料を増やして貨物量を減らしたりするので、あまりに強い向かい風は苦手です。

（大西晴夫　p.230）

天気予報が楽しくなる天気図の見方

なんと…
賞品と聞いて
みんな目の
色が変わった

これは
わたしも負けて
られない！！

若い者には
負けられん！

必ずもらう！

渡さない
わよ！

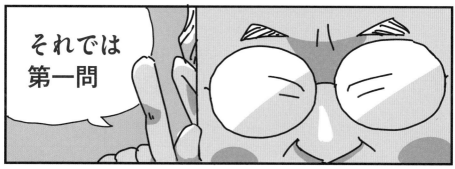

それでは
第一問

これは3月初旬の
ある日の天気図です

このときの東日本の日本海側と太平洋側の天気はどうだったんでしょう

等圧線が混み合っている…

ということは…

立春から春分
までの時期は
南北の気温差が
大きくて
日本海で低気圧が
急速に発達
することがあります

このとき
日本列島に
向かって吹く
強い南風が
春一番です

見事な解答
でしたね！

それでは
第２問に
いきましょう

この天気図と
衛星画像から

雲の形状の
特徴と
考えられる
お天気を
説明して
ください

んー…
冬…かな？

はいっ

しまった…

等圧線がすごく本数が多くて混んでいて強い冬型の気圧配置であることが分かります　衛星画像では日本海寒帯気団収束帯も見えています

なので　日本海沿岸は大雪に見舞われます!!

はい、正解です!!

おおーー

え、なに？

はいっ!!

この天気図は
気象庁が
10年に一度の
寒波襲来と
発表したとき
のものです!!

正解です!!

よくわかり
ましたね!

気象予報士試験にはこういう
過去の気象状況が
出題されることもあるんですよ

それでは
正解した
3人には…

わたしの天気図コレクションから
選りすぐりのものを
プレゼントします!!

やったー!!!

好きなの
選んじ!

これは
貴重だ!

すごい…
天気図で
あんなに
喜んでる

天気図で読む天気

これまで様々な天気や気象についてふれてきました。
今の天気や、これらの天気のおおまかな変化は、
天気図を読み解くことで知ることができます。

　まずは、［資料139］の
天気図を見てください。天
気予報でもおなじみの図で
すから、地図の上に等圧線
や前線が描かれているとい
うことはなんとなく分かる
と思います。では実際、こ
の図からどういうことが読
み解けるのか、天気図の見
方を解説します。

［資料139］2022年12月12日
21時の天気図

記号	意味
高（H）	高気圧
低（L）	低気圧
熱低（TD）	熱帯低気圧
×	高気圧や低気圧などの中心位置
気圧（1018などの数字）	高気圧や低気圧などの中心気圧
速度（20km/hなどの数字）	高気圧や低気圧などの速度

記号	意味
⇐	高気圧や低気圧などの移動方向
▼▼▼	寒冷前線
●●●	温暖前線
▲●▲●	停滞前線
▲●▲●	閉塞前線

［資料140］天気図の主な記号

等圧線

　天気図に描かれている黒線は、同じ気圧の地点を結んで引かれる「等圧線」です。等圧線は1000hPaを基準として4hPaごとに引かれ、1000hPa、1020hPaのように20hPaごとに太い線が使われます。等圧線の間隔が広いときや、高・低気圧の中心気圧が998hPaとか1014hPaのように、1000hPaからの4hPa刻みではない値のときには、破線で2hPaの線が加えられます。

高気圧・低気圧・台風

　円形の等圧線で囲まれて周囲よりも気圧が高い所は「高気圧」、低い所は「低気圧」です。高気圧、低気圧の中心の位置には×印が描かれ、そのそばに、高気圧は「高（あるいはH）」、低気圧は「低（あるいはL）」と書かれ、中心気圧の値も書かれています。台風の場合は「台（あるいはT）〇〇号」と書かれます。台風までは発達していない熱帯低気圧は「熱低（あるいはTD）」で示されます。また、高・低気圧の進行方向が矢印で示され、進行速度も数値で記入されます。［資料139］の場合には日本のはるか南の海上に台風第25号があって、東に時速15kmで進んでいます。

　高気圧の中心付近は平均的に下降気流の場となっているために雲は少なくておおむね晴天で、低気圧の中心付近は上昇気流が卓越しているために雲ができ、くもりや雨の天気となっていることが読み取れます。

前線

　性質の違う空気の境目には「前線」があり、それぞれの記号［資料140］で記入されます。「温暖前線」は東側（南側）にある暖気と反対側にある寒気の境目で、半丸印が付いた方向に進んでいます。「寒冷前線」は西側（北側）にある寒気と反対側にある暖気の境目で、三角印が付いた方向に進んでいます。「停滞前線」は北側に寒気、南側に暖気があり、南北どちら方向にも進まずに停滞している前線です。北側に半丸印、南側に三角印が描かれます。「閉塞前線」は温暖前線に寒冷前線が追い付いてできる前線で、半丸印と三角印が同じ側に描かれます。前線付近も悪天域で、温暖前線の東側は広い範囲でしとしとと降り続く「地雨」となっており、寒冷前線の北側は狭い範囲で積乱雲が発達するなどして「にわか雨」が降ります。低気圧の南側で、温暖前線と寒冷前線に挟まれた領域（「暖域」といいます）では、暖かくて湿った空気であるために、前線から離れた場所でも、かなり強い雨が降ることがあります。

（諸岡雅美　p.240〜241）

様々な季節の天気図

天気図の見方を学んだら、実際に特徴ある天気図を見てみましょう。
季節ごとに現れる気象の特徴を、天気図で見ていくことで
日本の気象の特徴が、より分かりやすく感じます。

夏…太平洋高気圧

　日本の南東海上に中心を持つ「太平洋高気圧」が勢力を増して日本列島を覆ってくると、長く続いた梅雨が明けます。太平洋高気圧は、太平洋から熱や水蒸気を供給されるため、暖かく湿った高気圧で、北太平洋を広く覆っています。この高気圧は地上から6,000mほどの高さまではっきりと確認できます。太平洋高気圧に加えて、チベット高原付近に中心を持ち、地上天気図では高気圧ではないのですが、上空10,000mくらいの高さを中心にできる「チベット高気圧」が日本の上空を覆うと、「高気圧の2枚重ね」となるため、日本列島は厳しい猛暑に見舞われます。また、この時期に上空に寒気が入って大気の状態が不安定になると、背の高い積乱雲が発達して局地豪雨やひょう、竜巻などの突風が発生することがあります。

　例として示した天気図［資料141］は2022年6月30日のもので、太平洋高気圧が張り出して梅雨前線が北に押し上げられ、気象庁が6月27日に関東甲信地方へ記録的に早い梅雨明けを「宣言」（事後解析で7月23日に修正）しました。このときの日本に張り出した太平洋高気圧の西端の形から、「クジラの尾型」（→p.108）で、安定した夏空が続きます。

　なお、夏に太平洋高気圧から吹いてくる南からの風や、冬にシベリア高気圧から吹いてくる北からの風は、世界的には「モンスーン」の一種で「季節風」とも呼ばれ、p.107にも解説があります。

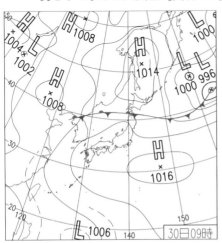

［資料141］2022年6月30日9時の天気図
記録的な暑さが続き、九州〜東北にかけて
6月の最高気温1位の記録更新多数。

晩夏～初秋…台風銀座

　水蒸気を含んだ空気が集まって積乱雲がたくさん発生し、地球の自転の影響などで渦を巻いて風速が17m/s以上になると「台風」になります。台風の移動は川の流れ中の小さな渦巻きに似ていて、台風を取り巻く上空の風に流されて、夏の終わりから秋にかけては太平洋高気圧を回り込むようにして日本列島に近づくコースを取ることが多くなります。台風が次々に同じようなコースで日本にやってくることがあり、そのコースにあたる地域は「台風銀座」などと呼ばれています。

　[資料142]に示した天気図は、国際交換用のもので、英文表記です。[TW]は「海上台風警報」、[GW]は「海上暴風警報」を表します。

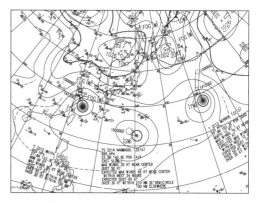

[資料142]「台風銀座」2022年9月14日9時の天気図
日本の南に東西に並ぶ台風が南西諸島方面を狙っている。

[資料143] 2023年1月25日9時の気象衛星ひまわりによるトゥルーカラー再現画像

冬…シベリア高気圧

　冬になるとシベリア大陸は冷たい乾燥した高気圧に覆われます。この寒気の塊が大陸から吹き出すと、暖かな日本海で水蒸気が補給されて、日本列島に湿った空気となって流れ込みます。衛星画像[資料143]では日本海に見える筋状の雲の列が、強い寒気の流れを示しています。

　地上天気図[資料144]では、西にシベリア高気圧、オホーツク海方面に発達した低気圧がある「西高東

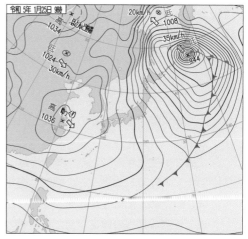

[資料144] 2023年1月25日9時の天気図

低」の「冬型の気圧配置」で、日本列島は等圧線の縦縞模様で覆われ、等圧線の本数が多くて込み合っているほど強い冬型です。

　天気図と衛星画像は2023年1月25日9時のもので、気象庁は「10年に1度の強い寒波が襲来」と警告を発しました。衛星画像でJPCZ（日本海寒帯気団収束帯<ruby>かんたい き だんしゅう</ruby><ruby>そくたい</ruby>：Japan sea Polar air mass Convergence Zone）が見えており（［資料143］の赤破線で囲んだ部分）、そこでは風が集まって活発な雪雲が発生するため、その先端部分の日本海沿岸域では大雪となることがあります。

冬…南岸低気圧・二つ玉低気圧

　寒気が強まった状態で、本州の南の海上を「南岸低気圧」が発達しながら通過すると、通常の冬型の気圧配置のときには雪の降らない太平洋側で雪が降ることがあります。雪になるか雨になるか、何も降らずにくもりで終わるかは、低気圧のコースや気温・湿度の微妙な差で変わります。雪に慣れていない地域では、10cm程度の積雪でも大きな社会的な混乱が生じるので、雪か雨かの予報を出す予報担当者は非常に難しい判断を迫られます［資料145］。

　また、太平洋側と日本海で2つの低気圧が南北に並んで通過する「二つ玉低気圧」のときは、その間が疑似的な高気圧の場になり、始めは比較的天気は悪くないのですが、低気圧が急速に発達すると、あっという間に天気が崩れます［資料146］。

春…春一番

　立春以降で春分までの期間に、日本海で低気圧が急速に発達すると、強い南風とともに日本列島に暖かい空気が流れ込み、気象庁は「春一番が吹いた」と発表します。この時期は南北の気温差が大きいため、低気圧が急発達することがあり、強風で建物などへの被害が出たり、橋の上で突風を受けた電車が脱線したりしたこともあります。また、雪どけが急に進むために、河川では「融雪洪水」が発

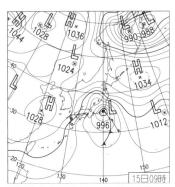

[資料145] 2014年2月15日9時の天気図
南岸低気圧のため関東で記録的大雪に。

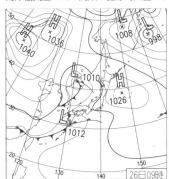

[資料146]「二つ玉低気圧」2015年2月26日9時の天気図
西日本太平洋側の雨域が東日本へも広がり、沖縄・奄美では雷雨。北日本では晴れから雪に。

生したり、屋根からの落雪が頻発したりするため、注意が必要です。

　気温が上がって春の陽気になるのは1日だけで、低気圧が東に抜けると、翌日には風が北西に変わって冬の寒さに逆戻りします。早春賦の「春は名のみの風の寒さや」の世界です。

早春…三寒四温

　早春に中国の長江流域に発生する揚子江高気圧は、移動性高気圧となって日本列島を通過します。高気圧に覆われてよく晴れて気温が上がったあとには、今度は雨や雪を降らせながら低気圧が通過し、低気圧の後ろ側の北寄りの風で寒気を呼び込むため、暖かい日と寒い日が数日おきに交互に訪れます。寒い日が3日続いたあとに、暖かい日が4日続き、ひと雨ごとに暖かくなりながら、徐々に本格的な春に向かって季節が進んでいきます。

晩春〜初夏…梅雨前線

　春から夏にかけて、日本列島付近の春の空気と、太平洋高気圧の暖かい夏の空気の間に梅雨前線が発生します。前線は沖縄付近からしだいに北上して本州南岸付近で停滞します。平年の状況ですと、本州付近では6月上旬に梅雨入りして7月中旬に梅雨が明けるまで、くもりや雨の日が多い天気となります。太平洋高気圧の縁を回って湿った暖かな空気が梅雨前線に流れ込むと前線の活動が活発になり、豪雨となって災害が発生することも毎年のように繰り返されています。「線状降水帯」が発生し、ごく限られた地域で集中豪雨となることもあります。

（諸岡雅美　p.242〜245）

※P.242-245の図は気象庁HPより転載

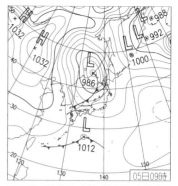

[資料147]「春一番」2022年3月5日
9時の天気図
前線を伴う低気圧が発達しながら沿海州付近を東進。東海、関東で春一番。

[資料148] 2022年3月4日9時の天気図
高気圧に覆われて晴れの地域が多かったが、北日本では寒気の影響で雪に。沖縄〜西日本太平洋側では、東シナ海で発生した低気圧の影響でくもりや雨の所も。

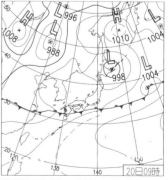

[資料149]「梅雨前線」2022年6月20日9時の天気図
沖縄で梅雨明け。九州から四国、北海道で雨や雷雨。

天気予報ができるまで

天気図について学んできましたが、これは実際の気象状況を
図に表したものです。では、ここからどのように予報が行われているのか、
おおまかな流れや、その仕組みを見ていきましょう。

天気予報は観測データの収集から始まる

　「予報」というのは、科学的な手法に基づいて行われた「予測」の結果を、一般利用者や特定利用者に向けて発表することです。発表して初めて「予報」になります。

　みなさんの手元に天気予報が届くまでには、[資料150]に示したような手順で作業が行われています。このうち、数値予報に関係する部分については、本書のp.51〜52に詳しく紹介されています。

　すべては、まず観測から始まります。当たる予報を行うためには、できるだけ多くの正確な観測データを収集することが大切です。最近の予報作業は、最先端のコンピュータを用いて行う「数値予報」の結果に基づいて行われます。正確な数値予報の結果を得るためには、予報計算のスタート地点である初期時刻における気象要素（気圧、気温、風、湿度など）の3次元的な分布（初期値場）が正確でなければなりません。数値予報が当たるかどうかは、いかに実際の気象状態を反映した正確な初期値場を用意できるかにかかっています。

数値予報の結果から、明日の天気や降水確率などの予報を作成

　数値予報では、地上の観測装置で行う地上気象観測、民間船舶の協力も得て収集された海上気象観測、ラジオゾンデなどの高層気象観測、気象レーダー観測、静止気象衛星「ひまわり」やその他の地球観測衛星から得られる衛星観測のデータが初期値場の解析に用いられます。ラジオゾンデの観測は世界時の0時、12時に世界中で一斉に行われることもあって、天気予報のための数値予報も世界時の0時、6時、12時、18時などを初期時刻として行われます。

　作成された初期値場から出発して数値予報が行われ、その結果を利用して天気予報が行われます。「晴れ」「くもり」「雨」などの予報は数値予報の結果を

観測 ▶ 解析 ▶ 予測 ▶ 応用 ▶ 予報

観測	解析	予測	応用	予報
●海上気象 ●高層気象 ●レーダー ●気象衛星	●品質管理 ●客観解析	●数値予報	●格子点値 ●画像作成 ●統計処理	●予報官による気象監視・分析・天気予報・警報等の作成・発表

[資料150] 天気予報までの流れ

直接使ってできますが、「最高気温」や「降水確率」などは数値予報の結果からは分かりません。これらの予報は、過去の数値予報の結果と実際の観測結果を比較して、統計的な手法で算出された予報作業補助資料（予報ガイダンス）を参照して発表されます。

府県予報、地方予報

毎日の天気予報は各府県の「地方気象台」から「府県天気予報」として毎日5時、11時、17時の3回発表されます。府県天気予報は府県をいくつかに細分した「一次細分区域」に対して発表されます。例えば、埼玉県の場合は、「埼玉県北部」「埼玉県南部」「秩父地方」です。天気予報は一次細分区域ごとに発表されますが、「大雨警報」などの気象警報・注意報は、原則として市区町村ごとに発表されます。

天候の特徴を元に、全国は北海道、東北、関東甲信、東海、北陸、近畿、中国、四国、九州北部、九州南部・奄美、沖縄の11の「地方予報区」に分割されており、それぞれ、札幌、仙台、気象庁本庁、名古屋、新潟、大阪、広島、高松、福岡、鹿児島、沖縄の各気象台が担当しています。

そのほかにもいろいろな天気予報が発表されている

このほか、週間天気予報（毎日11時頃と17時頃）、1カ月予報（毎週木曜日）、3カ月予報（原則、毎月25日頃）、暖候期予報（毎年2月25日頃）、寒候期予報（毎年9月25日頃）があり、地方予報区ごとに発表されます。また、「天気分布予報（5kmメッシュ）」「地域時系列予報（一次細分区域ごとの3時間ごとの天気）」「降水短時間予報（1kmメッシュ）」「降水ナウキャスト（1kmメッシュ）」などのきめ細かな予報が発表されています。スマートフォンのアプリなどでお確かめください。

（大西晴夫　p.246〜247）

Part 6

天気図を描いてみよう

ラジオ放送を聞くだけで、最新の天気図を自分で描くことができます。
聞くポイントやそれを天気図に書き起こす方法を紹介します。
これまで学んできたことを思い出しながら、チャレンジしてみてください。

気象通報と天気図

(NHKラジオの「気象通報」)

　NHKのラジオ第2放送では、毎日16:00からの20分間に、その日の正午の
気象状況についての「気象通報」が放送されています。放送では、国内および
近隣国の気象観測データ、船舶からのデータ、高気圧や低気圧、前線などの情
報が読み上げられ、これらの情報から自分で天気図を描くことができます。

　今でこそ、天気図を始めとする様々な気象データは、インターネットなどで
簡単に手に入りますが、かつては山に登っていたり、船で沖合に出ていたりし
ていると、ラジオからしか気象の情報を入手できませんでした。気象通報の放
送を聞いて、自ら天気図を描くことで、このあとの天気の変化を予測すること
ができ、遭難や災害にあうのを未然に防ぐための一助となります。インターハ
イの登山競技では、この放送を聞いて正確に天気図を描き、登ろうとしている
山岳での天気変化の予測を行うことが審査基準の1つとなっています。

「気象通報」で放送される内容

各地の天気（日本国内と近隣諸国）	風向、風力、天気、気圧、気温
船舶からの報告	緯度経度、風向、風力、天気、気圧
高気圧、低気圧、前線等	高気圧や低気圧の中心位置、中心気圧、進行方向・速度／台風の場合は、12時間後、24時間後の予報中心位置／前線の種類、前線が通過している地点／海上の強風や濃霧の領域
等圧線	特定の等圧線が通過している地点

気象予報士試験では、「気象通報」から天気図を描くような問題は出ませんが、試験の合格者の中には、「気象通報マニア」で、かなりの期間、この放送を聞くのを日課にしていたという方が多くいらっしゃいます。数多くのラジオ天気図を描く経験が、どのような地上天気図のときに、どのような気象現象が起きるかという経験の積み重ねになり、気象予報士試験で勉強した上空の大気の流れについての知識とあいまって、3次元的に大気の構造を理解するのに役立っているのでしょう。慣れてくると、地上天気図だけで、上空の大気の流れや、局地的な天気の分布なども推定できるようになります。

気象通報で描く天気図

気象通報で描く天気図を「ラジオ天気図」ともいいます。描くときには、市販されている「ラジオ用天気図用紙」を使用すると良いでしょう。描きやすいように、読み上げられる地点に○が描かれています。

なお、放送を聞き逃した場合にも、1週間以内であれば気象庁のHP（https://www.data.jma.go.jp/fcd/yoho/gyogyou/index.html）でデータを見られます。

ここで、簡単に気象通報の内容から天気図を描く作業について説明します。気象通報の「各地の天気」では、ある地点での、風向、風力、天気、気圧、気温が順に読み上げられます。その内容から、天気図へ記入するポイントを以下の表に示します。

	読み上げられる内容	記入方法
風向	方角は16方位（北、北北東、北東、東北東、東…のように22.5°刻みの方位）が使用される。北から吹いてくるのが「北風」	示された方位へ矢羽根を描く 例）「北風」なら○から北側に矢羽根を描く
風力	観測された風速を「風力階級表［資料152］」により風力階級に変換したもの	［資料152］により、階級に即した矢羽根を描く
天気	快晴、くもりなど、「日本式天気記号［資料153］」に即して読み上げる	「日本式天気記号［資料153］」に即して、○に描き入れる
気圧	海面更正気圧（整数値、単位はhPa）放送では1000hPa以下はそのまま読まれるが、1000hPa以上の場合、1013hPaは13hPaなどと下2桁だけ読まれる	記入は数値の下2桁のみを○の右肩の位置に記入 例）1008hPaなら08、994hPaなら94
気温	単位は℃（整数値）	○の左肩の位置に記入

それでは、例をあげてみます。

例：「東南東の風、風力3、天気くもり、気圧04hPa、気温18℃」と読み上げられたら、右のように記入することになります。

風力階級	矢羽根記号	呼称	地上10mでの風速 (m/s)
0		平穏 Calm	0～0.3未満
1		至軽風 Light air	0.3以上～1.6未満
2		軽風 Light breeze	1.6以上～3.4未満
3		軟風 Gentle breeze	3.4以上～5.5未満
4		和風 Moderate breeze	5.5以上～8.0未満
5		疾風 Fresh breeze	8.0 以上～10.8未満
6		雄風 Strong breeze	10.8以上～13.9未満
7		強風 High wind	13.9以上～17.2未満
8		疾強風 Gale	17.2以上～20.8未満
9		大強風 Strong gale	20.8以上～24.5未満
10		全強風 Storm	24.5以上～28.5未満
11		暴風 Violent Storm	28.5以上～32.7未満
12		台風 Hurricane	32.7以上

[資料151] 気象庁風力階級表
（呼称はビューフォートの風力階級による）

○	快晴	●	にわか雨
①	晴		みぞれ
◎	くもり	⊗	雪
⊗	煙霧	⊗	雪強し
Ⓢ	ちり煙霧	⊗	にわか雪
Ⓢ	砂じんあらし	△	あられ
⊕	地ふぶき	▲	ひょう
●	霧		雷
●	霧雨		雷し
●	雨	⊗	天気不明
●	雨強し		

[資料152] 日本式天気記号

等圧線を引いてみよう

気象通報では主な等圧線が通過する地点だけが放送され、その他の等圧線は各地の気圧を参照しながら自分で記入して天気図を完成させます。慣れるとなんでもないのですが、初めての人にとっては難しいようです。

それでは、等圧線を引く練習です。[資料153]に2022年9月18日15時00

分の九州地方で観測された実況値が「気象通報」の形式で示されています。観測された各観測点には気温（赤字）、気圧（青字）の観測値も記入されています。

　台風第14号が九州に接近していて、この直前に屋久島を通過しました。このとき屋久島では935hPa未満の最低気圧（海面更正気圧）を観測。この図に980hPa、985hPaのように、5hPa刻みの等圧線を引いてみてください。中心気圧は935hPa未満なので、一番内側の等圧線は935hPaとなります。

　このとき、地上の風は台風の外側から中心に向かって真っすぐに吹くのではなく、地表面摩擦を受けるために、［資料154］のように傾いた角度で吹き込みます。また、付近の地形の影響を受けて、特有のくせを持っているために、図のようにはならない地点があることにも留意して等圧線を引いてください。解答例は次ページに掲載していますから、自分が引いた等圧線と比べてみましょう。

［資料154］
台風中心に向かって吹き込む風

［資料153］九州地方2022年9月18日
15時00分の地上気象観測値

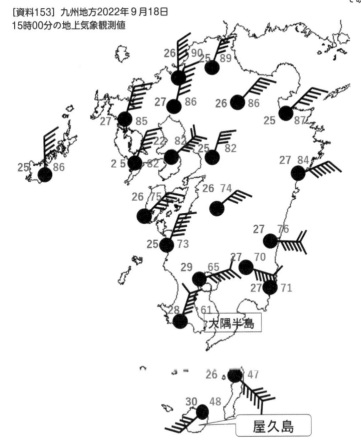

気象予報士試験の問題にチャレンジ！

下表は前ページの［資料153］の天気図と同じ2022年9月18日に、屋久島の観測所で観測された12時00分から14時00分の間の地上気象観測値です。この表を見て、次の問いに答えてみてください。

時分	気圧(hPa)		降水量 (mm)	気温 (℃)	相対湿度 (%)	風向・風速(m/s)			
	現地	海面				平均	風向	最大瞬間	風向
12:00	934.2	938.2	2	26.8	97	36.4	東北東	50.9	東北東
12:10	933.3	937.3	4	26.7	97	35.9	東北東	47.3	東北東
12:20	932.2	936.2	3	26.7	97	29.7	東	40.6	東
12:30	932.4	936.4	3	26.7	98	25.2	東	35.5	東
12:40	931.1	935.1	0.5	26.7	98	19	東南東	26.7	東南東
12:50	930.4	934.4	0.5	26.7	98	10.5	東南東	19	東南東
13:00	929.4	933.4	0	26.9	98	10	東南東	15.9	南東
13:10	928.3	932.3	0	27.1	97	4.9	南南東	12.3	南東
13:20	929.5	933.5	0	27.1	97	5.6	南西	9.3	南西
13:30	929.9	933.9	0	27.2	96	6.1	南南西	11.3	南
13:40	930.6	934.6	0	27.6	92	5	西南西	9.8	南西
13:50	932.7	936.7	0.5	27.9	87	11.5	西南西	21.6	西南西
14:00	934.6	938.6	0.5	28.3	80	13.5	南西	26.7	西南西

問1 屋久島で海面最低気圧を観測したのは何時何分か？

問2 問1の時刻の前後で、風向は時計回り、反時計回りのいずれで変化しているか？
時計回りとは、例えば、東→東南東→南東のような変化、反時計回りとは、例えば、東→東北東→北東のような変化のことである。

問3 台風に伴う風は［資料153］のような分布をしている。問2で答えたことから、台風の中心は屋久島の観測点のどちら側を通過したと推定されるか？ 東側か西側で答えよ。

問4 屋久島の観測点と大隅半島の南端との距離は64kmである。［資料153］の解答例で描いた等圧線の分布と上の表を用いて、台風中心は北向きに移動していたとしたときに、移動速度は何km/hかを5km/h刻みの数値で推定せよ。ただし、この時間帯では、台風の中心気圧や気圧分布は変化せずに移動していたものとする。

問5 平均風速（10分間平均）に対する最大瞬間風速の比を「突風率」という。上の表で12時00分（強風時）と13時10分（弱風時）の突風率はそれぞれいくらか？ 小数点以下1桁の数値で答えよ。また、強風時と弱風時の突風率を比較した場合、どのような特徴があるかを、20字程度で答えよ。

解答例

問1 13時10分　　**問2** 時計回り　　**問3** 西側

問4 20km/h

［解説］15時00分の天気図では屋久島観測点と大隅半島南端は、どちらも950hPaで、台風中心は両地点の真ん中（屋久島観測点から32km）にあると推定される。13時10分に中心が通過してから1時間50分（110分）経過している。110分（1.8時間）で32km進んだことから、時速は約18km/hとなる。ただし、110分を1.83時間として計算すると時速は17.49km/hとなるため、「15km/h」も正解とする。なお、気象庁の解析では、15時前後の移動速度は北へ22km/hとなっている。

問5 12時00分：1.4　　13時10分：2.5

特徴：弱風時の方が強風時より突風率が大きい。

資料153の解答例

（大西晴夫　p.248～252）

気象の仕事と資格

気象予報士制度について

気象予報士制度誕生の背景

　気象予報士は、1994年に誕生した比較的新しい国家資格です。気象予報士が誕生するまで、一般に公表する天気予報は気象庁が独占的に行ってきました。しかし、ケーブルテレビなどが普及するにつれて、気象庁では対応しきれない狭い地域のきめ細かな予報は、民間の気象会社に任せようとの機運が高まりました。

　また、高度情報化社会を迎え、気象庁の保有する膨大なデータを民間にも開放して、許可を受けた気象会社が個別のニーズに合致した情報を提供することで、気象産業の振興につなげることも想定されました。

　一方で、防災情報と密接な関係を持つ気象情報は、個々の人が自由に勝手気ままに予報を発表すると、社会的混乱を引き起こしかねません。そこで、気象と防災に関する知識を十分に備えた人にだけ気象現象を予想させようとして、気象予報士制度ができました。

天気予報ができるスペシャリスト

　気象庁の職員以外の人が天気予報を行う場合は気象庁の許可が必要です。

予報許可を得るためには、決められた人数以上の気象予報士を置く必要があります。その上で、気象業務法では「当該予報業務のうち現象の予想については、気象予報士に行わせなければならない。」とされています。

　「気象予報士」と聞くと、真っ先にテレビやラジオで、お天気コーナーを担当している気象キャスターを思い浮かべますが、必ずしも「気象キャスター」＝「気象予報士」ではありません。

　気象情報は、様々な企業活動に利用され、貢献しています。気象予報士は、経済損失防止や危険回避(リスクヘッジ)のための気象情報をつくるのが主な仕事です。ただ、放送局も気象のスペシャリストである気象予報士に解説させることで、視聴者に説得力と安心感を与えることができるため、積極的に気象予報士を使っています。そのため、気象キャスターは、今ではほとんどが気象予報士となっています。

気象予報士になるには

　気象予報士になるには、気象予報士試験（国家試験／［資料155］参照）に合格し、気象庁に登録する必要があります。気象予報士試験は年2回実施されます。受験資格に学歴や社会経験などの制限が一切なく、誰でも受験する

ことができます。実際、小学6年生がチャレンジし見事に合格した例もあります。

試験の実施は、一般財団法人気象業務支援センターが気象業務法に基づき気象庁長官の指定（指定試験機関）を受けて行っています。試験は北海道・宮城県・東京都・大阪府・福岡県・沖縄県の会場で行われています。

試験は学科試験と実技試験からなります。学科試験では気象学に関する知識や気象業務に関する法規、気象予測や観測に関する知識が問われます。一方、実技試験では台風や大雨、降雪などの現象の解析や予測など気象予測に関する知識や技能を問われます。

気象予報士試験の合格率はここ数年5％前後となっていて、合格しにくい資格の1つとしてあげられています。

気象予報士の技能
研鑽を後押しするCPD制度

技術者の世界で最近、耳にする「CPD」はご存じでしょうか？　これは Continuing Professional Developmentの略称で、「継続研鑽」と訳されます。

技術者に継続研鑽が求められるのは、技術者がキャリアを重ねて専門能力を向上させて活躍していくためには、その技術に関する資格の取得が終わりではなく、常に新しい知識や技術を習得し、その能力の維持向上を図ることが必要だからです。特に、技術の変化や革新が進む技術の分野では継続研鑽という教育の役割がとても重要です。

気象の分野は技術進歩が非常に速い分野で、日進月歩で新しい予測技術が生まれ、気象庁からは次々と新しい情

項目	詳細	
受験資格	受験資格の制限なし	
試験日	8月の第3日曜日および1月の第4日曜日の年2回	
試験地	北海道・宮城県・東京都・大阪府・福岡県・沖縄県	
試験手数料	免除学科の数やありなしによって前後するがおおよそ1万円前後	
試験の方法	学科試験 （マークシート式）	予報業務に関する一般知識 予報業務に関する専門知識
	実技試験 （記述式）	気象概況及びその変動の把握 局地的な気象の予報 台風等緊急時における対応
合格基準	学科試験：15問中正解が11以上 実技試験：総得点が満点の70％以上 ※ただし、難易度により調整する場合がある	
合格発表	10月および3月上旬	
試験の 一部免除	学科一般・専門のいずれか、または両方の合格者は申請により 合格発表日から一年以内に行われる当該学科試験が免除される	

[資料155] 気象予報士試験の概要

報やプロダクトが提供されています。

　現在の気象予報士制度では、気象予報士の資格を取得すれば一生、保持できます。しかし取得後、気象の世界との関わりを絶ち自己研鑽を怠れば、ほんの数年で気象予報士としての能力が発揮できなくなってしまいます。

　したがって、気象予報士の資格保持者は常に最新の予報技術や新しい防災情報に関する知識を勉強し、スキルアップを図る必要があります。一般社団法人日本気象予報士会では、気象予報士に対し、最新知識を提供するための講習会を開催するなどして、気象予報士CPD制度を運用しています。

気象予報士の仕事

気象キャスターは気象予報士の花形

　テレビ局やラジオ局、ケーブルテレビ、インターネットの動画配信などで、天気予報や気象解説を行うことは、気象予報士の業務の中でも高い人気を誇る花形業務です。先にのべたように、気象の解説を行うだけであれば、気象予報士の資格は必要ありませんが、視聴者に説得力と安心感を与えるため、今ではほとんどの番組で気象予報士の有資格者が従事しています。

　放送局では、自社で気象予報士を採用するほか、民間気象会社から気象予報士の派遣を受けています。気象予報士はテレビ局へ出勤し、自分で最新の気象データや解析資料を基に予想し、解説原稿を準備し、出演しています。

　地方のローカル局では、毎日天気予報の解説をするほかに、地域の季節の話題を話すことがあります。そのために気象予報士が自ら取材クルーと出かけることもします。地域情報のコーナーで、気象予報士ならではの話題を取り上げて解説するのも気象予報士としての大事な役目です。

　一方、キー局のような大きな放送局には気象センターがあり、常時複数名の気象予報士が勤務し、出演する気象キャスターのサポートをしたり、気象に関するニュース原稿を用意したり、チェックしたりします。

　テレビ局で放送する天気予報は、気象庁や民間気象会社から提供を受けた予報を使うのが一般的ですが、最近はテレビ局が予報許可を取って、独自予報を提供する場合もあります。この場合は、テレビ局は気象予報士を配置する必要があることはいうまでもありません。

気象コンサルタントや 気象リスクコミュニケーター

　人々が様々な社会活動を行っていく上で、気象や天候リスクは少ないことが望ましいのですが、残念ながらそのリスクをゼロにすることはできません。このため、上手にリスクと付き合っていくことが重要になります。

　気象情報は、社会活動を行う上で、

安全かつリスクを減らすために活用されますが、その情報を顧客にきちんと伝え、顧客の立場になって、支援することが必要です。気象予報士には、将来、起き得る現象を予見し、的確にアドバイスする、コンサルタントやリスクコミュニケーターとして活躍の場が広がっています。

気象情報の提供先は、地方自治体の防災担当者、道路管理者、鉄道・船舶・航空の運行管理者など、気象に影響される業界多岐にわたっています。

気象予報士は通常、24時間の交替制勤務で、昼夜を問わず、気象の監視を行っています。局地豪雨、大雪、落雷、突風などの異常な気象現象が発生したらすぐさま、契約先に通報し、何らかの対策をアドバイスします。

現象の予想である以上、100%、事前に予見できるとは限らず、残念ながら空振りや見逃しもあります。顧客と的確なリスクコミュニケーションを取るためには、顧客との信頼関係を築き上げることが大切であり、そのため、気象予報士は自分が提供する顧客先に出向き、対面して顧客の要望を聞き、異常気象が起こった場合の現象の説明を行う機会を持つことが大切です。

気象データアナリストは次世代の気象予報士の活躍の場

ビッグデータの時代と呼ばれ、世間ではあらゆるデータが収集され、様々な分野で活用されています。気象データもその1つです。気象データをうまく活用すればビジネスに多大な利益をもたらす可能性を秘めています。

そんな情勢を背景に、気象庁を中心として設立された気象ビジネス推進コンソーシアムが進めているのが「気象データアナリスト」の育成です。

気象データアナリストの認定を受けるために、気象予報士の資格を有する必要はありませんが、気象データの基礎的な知識や気象予報の経験がデータ分析を行う上でも大きなアドバンテージになります。

気象データアナリストとは、気象の探究だけでなく、気象の影響を受ける反応とその結果についてデータから探究し、課題を解決へと導く新しい技術職です。気象の影響を受けるのは、日常生活の細かな意思決定から、企業の売り上げ変動、防災や気候変動に関する国家政策まで、その領域は多岐にわたっています。

気象庁に勤務する気象予報士

気象庁や気象台で、天気予報を発表する場合、気象予報士の資格は必要ありません。しかし、最近は気象庁職員が気象予報士の資格を取ることも増えてきています。元々、気象庁の予報官は気象のプロですからその能力を対外的に示すためにも気象予報士試験を受験し、合格しようという機運が高まっているようです。

（平松信昭　p.253〜256）

気象キャスターの仕事

気象キャスターになって2023年現在で33年が経過しました。ベテランといわれる年代になりましたが、気象情報をお伝えする仕事は非常に奥が深く、新たな情報も次々と出てくるので、まだまだ勉強を続けなくてはなりません。

さて、気象キャスターの仕事はテレビ局やラジオ局に出向いて天気予報を伝えているだけでなく、いろいろな所に講演に呼んでいただいて、お話をすることがよくあります。ここでは、講演の際に比較的よく受ける質問をご紹介しつつ、それにお答えする形式で気象キャスターの仕事を紹介させて頂きます。私個人のことが中心なので、すべての気象キャスターに当てはまる訳ではありません。

なぜ気象予報士（気象キャスター）に

元々大学で気候学を専攻し、学生時代は気象調査や177お天気ダイヤルの吹き込みのバイトをやっていました。その関係で1990年の春に日本気象協会に就職しました。配属先は天気予報を解説する部門でした。気象予報士の資格試験の第1回目は1994年の夏だったので、気象の仕事をしているときに資格が始まったことになります。つまり気象予報士を目指していた訳でなく、この資格を取らざるを得ない状況だった訳です。試験は第1回目なので過去の問題は無く、試験の傾向もまったく分からず、手探りの状態でしたが、先輩の皆様の指導のおかげで無事合格し、1995年から気象予報士としての仕事が始まりました。

私にとって、この合格が天気、いやいや、転機となりました（笑）。資格を取るまではラジオの天気予報の解説をしていましたが、部署内で資格を取得したものが少なかったこともあり、テレビ解説に抜擢されたのでした。それが1995年の春、NHK大阪放送局での朝のニュース番組（当時は「おはよう近畿」）における気象解説でした。そこから気象キャスターの仕事が始まったのです。

天気予報を伝えるということ

私が天気予報の解説を始めた頃は、天気予報を丁寧に伝えることだけを考えていました。天気予報に対しての考え方が変わったのは、30代前半に関西の民放（MBS）でラジオの気象情報を担当していたときのことです。アナウンサーやタレントさんとのクロストークの中で、「天気予報に落ちはないんか！」と言われたことがありました。確かにラジオは聞いて頂く媒体です。多くの人に聞いて頂くということは、多くの人が興味を持つ話題を提供することであり、そこに「クスッ」と笑えたり、「へぇー」

とうなずいてもらったり、共感して頂けるようなことをお伝えするのが大事なのです。落語の枕みたいなものでしょうか。気象キャスターが天気予報を伝えるのは普通なのです。それ以外の話題を天気予報に絡めながら、いかに興味を持って頂けるようにお伝えするのか、気象キャスターの真価を問われているのだと思いました。

　それから、ラジオで使える話題を探しました。通勤途中に聞こえてくる会話やすれ違う人の服装や持ち物、雲の様子や空の色、ベランダに干されている洗濯物や布団、道端に咲いている花や聞こえてくる鳥や虫の鳴き声など、毎日必ず1つ話題を提供することを自らに課してお伝えするうちに、アナウンサーやタレントさんと話が弾むようになり、天気予報のコーナーが盛り上がるようになりました。

　生活に密着している天気は人間の気分や体調を左右することもあります。伝えるという意味においては、身の回りをよくよく観察し、分かりやすくお伝えすることが大事だと気付きました。

最も苦労すること

　災害が発生しそうな場面やすでに災害が発生している状況下においてどのように伝えるかです。通常の北海道から沖縄までの天気マークや最高気温を伝えるのではなく、刻一刻と変わっていく雨雲の様子や降水量、河川や地盤の状況を正確に分かりやすく伝え、すぐにでも避難行動に移して頂けるようにお伝えすることは、何回経験しても非常に緊張する場面です。数分程度の放送の中でどの画面をどの順番で出すのが良いのか、どのような言葉でお伝えするのが良いのかいつも悩まされます。

　また、線状降水帯による大雨などは局地的な雨の降り方をするので、大雨が降っている地域の方々に向けてお伝えするには、地名を正確に伝えることが非常に大事です。スタジオに入る前に前もって地名を調べ、頭の中に叩き込むのですが、アメダスは10分ごとに更新されるため、スタジオでの待機中や解説が始まっている最中に、猛烈な雨の降っている場所が変わることもあります。「町」は「ちょう」と読む所や「まち」と読む所があり、村も「むら」「そん」があり、町や村の呼び方にも気を付けなくてはなりません。気象情報に地名は付き物ですが、地名は苦労することがよくあります。

この仕事をして良かったと思えること

　テレビは一方的に情報を伝えるだけで、お話したことが伝わったかどうか分かりにくい媒体です。自らの放送は反省ばかりで、放送をして上手くいったとか良かったと思えることは一度もありません。ただ放送に出ているおかげで、講演などでいろいろな場所に呼んで頂くことがあります。初めていく地域もあり、行ってみなければ分からない地形や風土、人々の気質を知ることができ、その土地特有の気象状態も理解することができます。それが放送に生かされることもあるので、講演などで様々な地域へ行けることはとてもありがたく思っています。

　　　　　　　　　　　　　　　　　　　　　　　　　（南利幸　p.257〜258）

とある大学

つくし!!

おー
楓香(ふうか)!

初心者向けの気象講座のスタッフなんだけど講座にも出席してるの

気象講座

どーぞ

あれ？つくしも気象系志望だっけ？

んーそういう訳じゃないんだけど…

行きがかり上とはいえ一緒に講座を受けてたら少し興味がわいてきたかも

ふーん

でも
気象って
晴れとか
雨とか
予報する
だけでしょ

私もそう
思ってたけど…

その天気予報にも
歴史があって

数々の
システムと
最新鋭の
コンピュータ
があって

私たちの
生活と密接に
つながっているの

夏美先輩
おひさし
ぶりです

ち、ち、
ちがいます！！

ふーん

今、先輩に
教えて頂いた
気象の魅力を
楓香（ふうか）に
説明してて…

気象現象には
地球規模の
大気や水の
循環が…

まったく

あ、逃げた

ぐるん
ぐるん

先輩は
気象予報士
試験を
受けるん
ですよね？

うん
まあね

っていう
ことは
お天気
キャスター
になるって
ことですか？

それはどうかなー
自分がオモテに
出てなにかするのは
あまり興味ないかなー

テレビとかはちょっと…

気象の話題を
集めたり

気象ニュースの
原稿をチェック
したり…みたいな
裏方的な方が
向いてるかなって

あとはいろんな
業界に気象情報や
アドバイスを送る
気象アナリストとか

へー
そんな仕事
もあるん
ですね！！

Index [索引]

※本書内で多出する用語については、太字にして詳しく解説している
ページだけを記載しています。

監修・著者紹介

● 監修

(一社)日本気象予報士会
<ruby>にっぽん<rt></rt></ruby>

気象庁以外の民間事業者でも天気予報ができる国家資格とし
て1996年に最初の「気象予報士」が誕生した。気象予報士
会も同時期に有志による任意団体として出発し、2009年に
一般社団法人となった。認定された気象予報士の3分の1程
度である約3,300名が会員である。会員の職業等は、会社員、
公務員、医師、弁護士、教員、学生、専業主婦など様々で、
気象を仕事としている人はむしろ少数派である。会員の年齢
層も幅広い。会員の集まりなどは、「異業種交流の場」とな
っている。全国に支部組織を置き、気象庁や日本気象学会と
も共同した出前講座などの社会貢献活動や、会員向けに気象
予報士としての技能研鑽の機会の提供などを行っている。

● 著者

(一社)日本気象予報士会有志グループ

[主筆]

大西晴夫
<ruby>おおにしはる お<rt></rt></ruby>

1946年京都市生まれ。京都大学理学部卒業、同大学院理学
研究科地球物理学専攻修士課程を修了し、大阪管区気象台観
測課に採用。札幌管区台長、大阪管区台長などを経て2007
年に地球環境・海洋部長で気象庁を退職。2015年から2021
年まで日本気象予報士会会長を務めた。
主な著書には、台風の科学（1992：NHKブックス No.649、日
本放送出版協会）、気象科学事典（1998：日本気象学会編、東
京書籍、編集委員）、気象ハンドブック（1995：朝倉書店、共著）、
自然災害科学・防災の百科事典（2022：日本自然災害学会編、
丸善出版、共著）など。

[執筆陣] ※掲載順

田家康 たんげやすし	日本気象予報士会東京支部長、㈱農林中金総合研究所・客員研究員
瀬上哲秀 せがみあきひで	日本気象予報士会会長、元気象庁気象研究所長
内山常雄 うちやまつねお	日本気象予報士会神奈川支部
岩槻秀明 いわつきひであき	自然科学系ライター、日本気象予報士会生物季節ネットワーク代表
阿部豊雄 あべとよお	元気象庁
石原正仁 いしはらまさひと	国際協力機構（JICA）、元気象庁高層気象台長
伊東譲司 いとうじょうじ	元気象庁天気相談所予報官、千葉県野田市気象防災アドバイザー
岩下剛己 いわしたごうき	元関西航空地方気象台長、日本気象予報士会
大矢康裕 おおややすひろ	日本気象予報士会東海支部、山岳防災気象予報士、デンソー山岳部
酒井重典 さかいしげのり	日本気象予報士会顧問、元新潟地方気象台長
岩田修 いわたおさむ	日本気象予報士会理事・副会長 気象ビジネスコンソーシアム（WXBC）運営委員・人材育成 WG 副座長
廣幡泰治 ひろはたたいじ	㈱廣幡農園代表取締役、日本気象予報士会岡山支部長
石倉清光 いしくらきよみつ	日本気象予報士会常務理事、元東京電力㈱中央給電指令所長
岡留健二 おかどめけんじ	日本気象予報士会関西支部
吉野勝美 よしのかつみ	元全日本空輸株式会社
石井和子 いしいかずこ	日本気象予報士会顧問、元 TBS アナウンサー
松嶋憲昭 まつしまのりあき	歴史研究家、扇精光コンサルタンツ㈱相談役
佐藤トモ子 さとうとも こ	日本蜃気楼協議会理事、日本気象予報士会北海道支部
太田佳似 おおたよしじ	日本気象予報士会関西支部、気象防災アドバイザー、㈱気象工学研究所
菖蒲信一郎 しょうぶしんいちろう	佐賀県農業技術防除センター病害虫防除部長、日本気象予報士会西部支部
武井雄三 たけいゆうぞう	日本気象予報士会顧問、元航空自衛隊気象予報官
實本正樹 じつもとまさき	京都府立朱雀高等学校教諭、日本気象予報士会関西支部、気象防災アドバイザー
福永篤志 ふくながあつし	公立福生病院脳神経外科部長、日本気象予報士会
諸岡雅美 もろおかまさみ	日本気象予報士会理事、㈱ウェザーニューズ
平松信昭 ひろまつのぶあき	日本気象予報士会副会長、日本気象協会
南利幸 みなみとしゆき	㈱南気象予報士事務所代表取締役、京都府立大学非常勤講師

●マンガ・本文イラスト

にぎりこぷし

北海道出身。教育系出版社に勤務ののち、フリーのイラストレーターとして独立。大阪を拠点にイラスト、マンガ、似顔絵、キャラクターデザインなど、幅広く制作を手掛ける。
絵日記は2000年より毎日更新中。
http://ncopsi.com/
Twitter/Instagram:@ncopsi

●スタッフ

装丁
大悟法淳一（ごぼうデザイン事務所）

カバーイラスト
やまぐちかおり

本文デザイン
SPAIS（井上唯　熊谷昭典）　佐藤ひろみ

作図
石井明人

編集協力
山田桂

編集制作
株式会社童夢

企画編集
株式会社ユーキャン（谷本淑恵）

正誤等の情報につきましては、下記「ユーキャンの本」ウェブサイトでご覧いただけます。
https://www.u-can.co.jp/book/information

よくわかる天気・気象

2023年5月19日　初　版　第1刷発行	発行者	品川泰一
	発行所	株式会社ユーキャン学び出版
		〒151-0053
		東京都渋谷区代々木1-11-1
		Tel03-3378-2226
	発売元	株式会社自由国民社
		〒171-0033
		東京都豊島区高田3-10-11
		Tel03-6233-0781（営業部）
	印刷・製本	望月印刷株式会社